Naturwissenschaftliche Bildung in Kindertageseinrichtungen

Lena-Maria Kraska

Naturwissenschaftliche Bildung in Kindertageseinrichtungen

Eine empirische Untersuchung zu den Vorstellungen pädagogischer Fachkräfte über frühe naturwissenschaftliche Bildung

Springer Spektrum

Lena-Maria Kraska
Institut für Kindheitspädagogik
Pädagogische Hochschule Karlsruhe
Karlsruhe, Deutschland

Es handelt sich um eine Habilitationsschrift

ISBN 978-3-658-51058-9 ISBN 978-3-658-51059-6 (eBook)
https://doi.org/10.1007/978-3-658-51059-6

Die Deutsche Nationalbibliothek verzeichnet diese Publikation in der Deutschen Nationalbibliografie; detaillierte bibliografische Daten sind im Internet über https://portal.dnb.de abrufbar.

Planung/Lektorat: Karina Kowatsch
Springer Spektrum ist ein Imprint der eingetragenen Gesellschaft Springer Fachmedien Wiesbaden GmbH und ist ein Teil von Springer Nature.
Die Anschrift der Gesellschaft ist: Abraham-Lincoln-Str. 46, 65189 Wiesbaden, Germany

Interessenkonflikt Der/die Autor*in hat keine relevanten Interessenskonflikte im Zusammenhang mit dieser Publikation.

Inhaltsverzeichnis

Abbildungsverzeichnis

Tabellenverzeichnis

1 Einleitung

1.1 Aktuelle Situation

Im September 2024 wurde an der Alice Salomon Hochschule Berlin das 20-jährige Bestehen kindheitspädagogischer Studiengänge in Deutschland gefeiert. Seit der Akademisierung des frühpädagogischen Bereichs und dem stetigen Ausbau von Plätzen in Kindertageseinrichtungen[1] und Krippen[2] ist auch die Qualität von Kitas stärker in den Fokus gerückt. Dies zeigt sich zum einen in der Zunahme der Bedeutung von Qualitätsmanagement für Trägerorganisationen, an dem bereits zum dritten Mal erschienenen Monitoringbericht des Bundesministeriums für Familien, Senioren, Frauen und Jugend (2022) zur Weiterentwicklung der Qualität und zur Verbesserung der Teilhabe in Tageseinrichtungen und in der Kindertagespflege und zum anderen in groß angelegten Studien, wie der „Nationalen Untersuchung zur Bildung, Betreuung und Erziehung in der frühen Kindheit" (NUBBEK) (Tietze et al., 2013) oder die OECD-Studie „Starting Strong Teaching and Learning International Survey" (OECD, 2020), die die Kita-Qualität in den Blick nehmen. Die Merkmale von Qualität in der Kita sind vielfältig und können jeweils aus Sicht der unterschiedlichen Akteurinnen und

[1] Im Folgenden wird der Begriff ‚Kita' verwendet. Er ist als Sammelbegriff für Krippen, Kindergärten und Kindertagesstätten zu verstehen. Auch der Hort wird als Teil des Kitasystems betrachtet (Roßbach und Spieß, 2019).

[2] Seit der Einführung des Rechtsanspruchs auf Förderung in Kindertageseinrichtungen und Kindertagespflege für Kinder ab dem vollendeten ersten Lebensjahr 2013 fand ein deutlicher Ausbau der Angebote statt (Bundesministerium für Familie, Senioren, Frauen und Jugend, 2024).

L.-M. Kraska, *Naturwissenschaftliche Bildung in Kindertageseinrichtungen*,
https://doi.org/10.1007/978-3-658-51059-6_1

Akteure wie Eltern, Träger, pädagogische Fachkräfte[3] und Kinder unterschiedlich definiert werden (Tietze et al., 2016).

Nach Tietze et al. (2017) lässt sich die Qualität von Kitas in pädagogische Orientierungen, pädagogische Prozesse und die Struktur der Einrichtungen differenzieren. Dabei umfassen die pädagogischen Orientierungen pädagogische Vorstellungen, Werte und Überzeugungen der an den pädagogischen Prozessen beteiligten Erwachsenen. Im Kompetenzmodell, das von Fröhlich-Gildhoff et al. (2011) für die Qualifizierung frühpädagogischer Fachkräfte entwickelt wurde, finden sich die pädagogischen Orientierungen im Bereich der Haltung wieder. Den Vorstellungen, Werten und Überzeugungen pädagogischer Fachkräfte kommt im Hinblick auf die Qualität von Kitas demnach eine zentrale Bedeutung zu. In der vorliegenden Arbeit werden die Vorstellungen pädagogischer Fachkräfte für den Bereich der frühen naturwissenschaftlichen Bildung in den Blick genommen und im Gesamtkontext des Bildungsbereichs Natur diskutiert.

1.2 Ziel der Arbeit

Die vorliegende Arbeit ist in das Feld der Professionsforschung einzuordnen. Der Bildungsbereich Natur wird ganzheitlich betrachtet. Dabei geht es, vor dem Hintergrund qualitäts- bzw. professionalitätstheoretischer Überlegungen darum, sowohl die Strukturen als auch die Orientierungen im Kontext der frühen naturwissenschaftlichen Bildung zu beleuchten.

Zum einen wird herausgearbeitet, welche inhaltlichen Aspekte der Bildungsbereich umfasst, inwieweit er in den aktuellen Modulhandbüchern frühpädagogischer Studiengänge, den Bildungsplänen für den frühpädagogischen Bereich sowie den Bildungsplänen für die Fachschulen verankert ist und welche Konzepte zur Umsetzung früher naturwissenschaftlicher Bildung vorliegen. Zum anderen wird der Fokus auf die Handlungskompetenz pädagogischer Fachkräfte im Kontext der frühen naturwissenschaftlichen Bildung gelegt und untersucht, über welche Vorstellungen pädagogische Fachkräfte bzgl. der frühen naturwissenschaftlichen Bildung verfügen. Dabei werden sowohl die Aspekte Einstellungen pädagogischer Fachkräfte gegenüber früher naturwissenschaftlicher Bildung als auch die Vorstellungen über den Stellenwert, die Bildungsvorstellungen und die Vorstellungen über das Wesen der Naturwissenschaften berücksichtigt.

[3] Unter der Bezeichnung der pädagogischen Fachkraft, werden in der vorliegenden Arbeit alle pädagogisch tätigen Personen in einer Kita zusammengefasst, unabhängig von ihrer konkreten Qualifikation.

Befunde zu den Vorstellungen pädagogischer Fachkräfte im Kontext der frühen naturwissenschaftlichen Bildung liegen durch einzelne Untersuchungen bereits vor und werden in der vorliegenden Arbeit dargestellt. Der Bezug zum Wissenschaftsverständnis pädagogischer Fachkräfte stellt jedoch ein Forschungsdesiderat dar. Die vorliegende Arbeit leistet einen Beitrag zur Bearbeitung dieses Desiderats unter Einbezug des aktuellen Forschungsstandes.

Aus Kapazitätsgründen beschränkt sich die Dokumentenanalyse der Modulhandbücher und Bildungspläne für die Fachschulen sowie ein Teilbereich der Untersuchung auf das Bundesland Baden-Württemberg.

1.3 Aufbau der Arbeit

Um den Bildungsbereich Natur umfassend in den Blick zu nehmen, wird zunächst der Begriff Natur erläutert. Hierzu wird die kontroverse Diskussion um begriffliche Abgrenzungen zwischen Natur und Kultur nachgezeichnet und es werden unterschiedliche Aspekte des Wesens der Naturwissenschaften dargelegt. Vor diesem Hintergrund wird der Bereich der frühen naturwissenschaftlichen Bildung beleuchtet. Hierzu werden die Inhalte und unterschiedlichen Konzepte und Ansätze erläutert und es wird die Abbildung des Bildungsbereichs in den Bildungsplänen für den frühpädagogischen Bereich erfasst. Im dritten Kapitel wird die Rolle der pädagogischen Fachkraft im Hinblick auf Anforderungen und Bildungsvorstellungen diskutiert. Daran anknüpfend werden kompetenztheoretische Grundlagen und Überlegungen erörtert und der Bereich Natur in den Modulhandbüchern frühpädagogischer Studiengänge in Baden-Württemberg und in den Bildungsplänen für die Fachschulen für Sozialpädagogik vergleichend gegenübergestellt. In Kapitel 6 wird der Begriff der Vorstellungen diskutiert und für die vorliegende Arbeit definiert sowie aktuelle Forschungsbefunde zu den Vorstellungen pädagogischer Fachkräfte hinsichtlich unterschiedlicher Aspekte der frühen naturwissenschaftlichen Bildung erläutert. An den theoretischen Teil der Arbeit schließt der empirische Teil der Arbeit an, in dem das Forschungsdesign und die Befunde zweier Untersuchungen zu den Vorstellungen pädagogischer Fachkräfte über naturwissenschaftliche Bildung dargestellt werden. In einem abschließenden Kapitel werden die wichtigsten Ergebnisse aus dem theoretischen und dem empirischen Teil miteinander in Beziehung gesetzt und diskutiert. Kapitel 9 zeigt die Grenzen der dargelegten Untersuchungen auf. Die Arbeit schließt mit einem Fazit, in dem die wesentlichen Befunde zusammengefasst und Schlussfolgerungen gezogen werden.

Der Bildungsbereich Natur

2

Bevor die Inhalte und unterschiedlichen Konzepte früher naturwissenschaftlicher Bildung vorgestellt und diskutiert werden, werden zunächst der Begriff Natur definiert und Merkmale des Wesens der Naturwissenschaften sowie Forschungsbefunde über Vorstellungen zum Wesen der Naturwissenschaften dargelegt.

2.1 Natur Begriffsklärung

Die Beschäftigung mit dem Thema „Frühe naturwissenschaftliche Bildung" macht es notwendig, die unterschiedlichen Facetten des Begriffs „Natur" in den Blick zu nehmen sowie den Versuch einer Eingrenzung für die vorliegende Arbeit vorzunehmen. Um den Naturbegriff vollständig zu erfassen, müsste man seine Geschichte von der Antike über das Mittelalter und die Neuzeit bis zur Gegenwart rekonstruieren. Dies würde jedoch den Rahmen dieser Arbeit sprengen. Der „hohe Grad der Unbestimmtheit des Begriffsinhaltes von ‚Natur' – so der Sachverständigenrat für Umweltfragen der Bundesregierung 1987" (zit. nach Gebhard, 2013, S. 40), wird durch die vielfältigen naturphilosophischen und kulturellen Dimensionen des Begriffs deutlich und lässt die Aufgabe einer Begriffsbestimmung zu einer großen Herausforderung werden. Aus diesem Grund werden die unterschiedlichen Aspekte des Naturbegriffs zwar benannt, für eine tiefergehende Analyse wird jedoch auf die Arbeiten von A. Krebs (2020b), Falkenburg (2020), Kirchhoff et al. (2020) und Gebhard (2013) verwiesen.

Falkenburg (2020) führt in ihrem Kapitel im Sammelband zur Naturphilosophie (Kirchhoff et al., 2020) in Übereinstimmung mit Kirchhoff (2024) drei

L.-M. Kraska, *Naturwissenschaftliche Bildung in Kindertageseinrichtungen*,
https://doi.org/10.1007/978-3-658-51059-6_2

Bedeutungen des Naturbegriffs an: den umfangslogischen, den bedeutungslogischen und den wesenslogischen Naturbegriff. Der Begriffsumfang von Natur ist die physische Welt, also alles, was uns umgibt, unabhängig davon, wie es beschaffen ist. Der Begriff „Natur“ leitet sich vom lateinischen Wort „natura“ ab, welches wiederum von „natus“ (geboren, von Natur zu etwas bestimmt, von Natur beschaffen, PONS o.A., 2024) stammt. Terminologisch bezeichnet der Begriff „Natur“ demnach dasjenige, das „...von selbst entsteht oder vorhanden ist, also nicht vom Menschen geschaffen wurde und von naturgegebener Wesensart ist“ (Falkenburg, 2020; Kirchhoff et al., 2020, S. 96).

Damit wird der Begriff „Natur“ häufig als Abgrenzung zu den Begriffen „Kultur“ und „Technik“ verwendet. Die Gegenüberstellung der Begriffe „Natur“ und „Kultur“ bzw. „Natur“ und „Technik“, bedeutet jedoch nicht, dass es sich um eine neutrale Beschreibung einer an sich bestehenden Opposition zweier unabhängiger Bereiche handelt. Vielmehr handelt es sich um eine kulturell fundierte Differenzierung und Bedeutungszuweisung (Kirchhoff, 2024).

In einer weiteren Bedeutung wird der Begriff „Natur“ auch für das Wesen von etwas verwendet. Der wesenslogische Naturbegriff bezeichnet damit „das innere Prinzip, die innere Ursache, die einem genetischen (Entstehung) und qualitativen (Eigenschaften) Sosein ohne menschliches Zutun zugrunde liegt...“ (Falkenburg, 2020, S. 96).

Vor allem der bedeutungslogische Naturbegriff, der kulturell geprägt ist und die Gegenüberstellung von Natur und Kultur bzw. von Natur und Technik umfasst, unterliegt aktuell einem Wandel, der sich in zahlreichen fachlichen Diskursen widerspiegelt. Auch in der Kindheitspädagogik ist dieser Diskurs über die Abgrenzung zwischen Natur und Kultur angekommen, was sich z. B. in Schäfers Bezeichnung der „kulturellen Natur“ des Kindes (Schäfer et al., 2019, S. 178) zeigt oder auch in dem Titel „Die Verwobenheit von Natur und Kultur. Theoriebildung und Forschungsperspektiven in der Pädagogik der frühen Kindheit“ (Huf et al., 2023).

Die in modernen Gesellschaften westlichen Typs des globalen Nordens lange Zeit vorherrschende Abgrenzung der Natur gegenüber der Kultur, die eine hierarchische Ordnung beinhaltete, beansprucht ein Bild von Natur, das so durch die Überformung der Natur kaum noch zu beobachten ist. Durch das mathematische Naturverständnis von Galilei, Descartes und Newton ebenso wie durch technische Methoden der Naturerkenntnis unter Laborbedingungen ist sogar das, was man in den Naturwissenschaften unter „Natur“ versteht, seit Beginn der Neuzeit kulturell überformt (Falkenburg, 2020). Zur Bezeichnung dieser neuen Epoche, „in der die Menschen mehr und mehr die Geschicke des gesamten Planeten bestimmen“ (Wulf 2020, S. 7) und somit zu einem der wichtigsten Einflussfaktoren auf die biologischen, geologischen und atmosphärischen Prozesse auf der Erde geworden sind, wurde im Jahr 2000 der Begriff „Anthropozän" von den Atmosphärenforschern Paul Crutzen und Eugene F. Stoermer erstmals in die Diskussion eingebracht (Waters et al., 2014).

Die Definition des bedeutungslogischen Naturbegriffs als dualistische Abgrenzung von Kultur und Natur ist demnach so nicht mehr haltbar.

Ebenso wenig wie der Naturbegriff kann auch das Verhältnis des Menschen zur Natur als konstant betrachtet werden, da es jeweils kulturellen Einflüssen unterliegt. Es handelt sich dabei stets um eine vom Menschen angeeignete und reflektierte Natur (Gebhard, 2013), da der Mensch immer zugleich Teil und Gegenüber der Natur ist (Kattmann, 1997).

So galt die Natur im Mittelalter und in der frühen Neuzeit zum Beispiel vor allem als Gefahr und als etwas, vor dem man Angst haben muss, während sie heutzutage mit positiven Assoziationen wie Schönheit, Ruhe und Freiheit verbunden wird. „Natur" wird auf diese Weise zum Symbol für paradiesische, auch utopische Zustände (Eisel, 1992) und kennzeichnet eine Sehnsucht nach Authentizität, nach Ganzheit und Glück. Gebhard (2013) weist darauf hin, dass dieser Wandel erst durch eine reale Entfremdung von der Natur durch Naturwissenschaft und Technik eingetreten ist.

Die Entfremdung gegenüber der Natur zeigt sich in unserem heutigen alltäglichen Naturverständnis bzw. in dem moralischen Wert, den wir der Natur beimessen. Diese Thematik fällt in den Bereich der Naturethik und beinhaltet unter anderem die übergeordnete Fragestellung, ob der Mensch selbst als Teil der Natur anzusehen ist. Auf die Frage nach dem moralischen Wert der Natur kann grob zwischen zwei Antworten differenziert werden: Zum einen gibt es Antworten, die die Überzeugungen widerspiegeln, dass die Natur keinen eigenen moralischen Wert hat und nur für den Menschen da ist (Anthropozentrismus) und zum anderen gibt es Antworten die darauf verweisen, dass die Natur einen eigenen moralischen Wert hat und der Mensch um ihrer selbst willen auf sie Rücksicht nehmen muss (Physiozentrismus) (A. Krebs, 2020c). Innerhalb physiozentrischer Moralvorstellungen wird üblicherweise zwischen drei unterschiedlich stark ausgeprägten Sichtweisen differenziert. Eine weiterführende Darlegung und Diskussion findet sich in A. Krebs (2020c).

Bereits seit den 1970er-Jahren erschienen erste naturethische Werke, die sich mit dem Wert der Natur und dem Stellenwert des Menschen in der Natur auseinandersetzten. Vor dem Hintergrund zunehmender ökologischer Krisenerfahrungen gerät die traditionelle anthropozentrische Ethik zunehmend in die Kritik (A. Krebs, 2020a).

Das Naturverständnis und auch das Verhältnis des Menschen zur Natur sind Gegenstand zahlreicher empirischer Studien, die hauptsächlich mit Erwachsenen, teilweise mit Jugendlichen und nur sehr vereinzelt mit Kindern durchgeführt wurden (Kirchhoff, 2024). Die Befunde dieser Studien weisen darauf hin, dass sich der Mensch selbst selten der Natur zuordnet. So zeigt beispielsweise Trommer (1993) durch eine Befragung von 98 Erwachsenen, dass diese mit Natur vor allem Naturphänomene, wie Bäume, Wiesen, Wälder und Tiere sowie ästhetische (zum Beispiel Schönheit, Harmonie) oder erholungsbezogene Begriffe (zum Beispiel Wandern, Ruhe), assoziieren, wohingegen der Mensch nur sehr selten genannt wird. Auch in der Jugend-Naturbewusstseinsstudie des Bundesministeriums für Umwelt, Naturschutz und nukleare Sicherheit (BMU) aus dem Jahr 2020 wurden 1003 Jugendliche im Alter von 14 bis 17 Jahren nach ihren Assoziationen zum Begriff „Natur" gefragt. Dabei wurden hauptsächlich Begriffe aus der Tier- (61 %) und Pflanzenwelt (60 %) genannt, gefolgt von Begriffen aus den Kategorien „Erholung, Freizeit und Naturerleben" (52 %) wie zum Beispiel Entspannung, frische Luft, Freiheit und Stille sowie „Landschaft/ Landschaftsobjekte" (50 %), wobei besonders häufig Wälder, Wildnis und Wiesen genannt wurden (Bundesministerium für Umwelt, Naturschutz und nukleare Sicherheit, 2021). Der Mensch als Teil der Natur wurde von den befragten Jugendlichen in dieser Studie nicht explizit berücksichtigt.

Der Jugendreport Natur 2021 (Koll & Brämer, 2021), der seit 1997 bereits zum 8. Mal von der Universität Marburg durchgeführt wurde, hat ebenfalls die Naturentfremdung Jugendlicher im Alter zwischen 12 und 15 Jahren zum Gegenstand. Auch die Befunde dieser Studie weisen darauf hin, dass sich die Befragten selbst nicht der Natur zuordnen. Auf die offene Frage nach Assoziationen mit dem Naturbegriff, nennen 33 Prozent der Jugendlichen Begriffe, die sich dem Bereich Flora und Fauna zuordnen lassen, 34 Prozent Begriffe zu Landschaft und Wetter, 12 Prozent Begriffe zur eigenen Befindlichkeit, 14 Prozent zur Umwelt und zwei Prozent zur Wirtschaft (Brämer, 2013). Insgesamt weisen die Befunde dieser Erhebung darauf hin, dass bei den befragten Jugendlichen zwar Interesse an Naturerlebnissen vorhanden ist, sie aber immer weniger Zeit in der Natur verbringen, sodass das Wissen über Zusammenhänge in der Natur abnimmt und mit einer gewissen Verklärung der Natur einhergeht (Koll & Brämer, 2021).

Wie den vorhergehenden Ausführungen zu entnehmen ist, hat der Naturbegriff unterschiedliche Bedeutungsfacetten und unterliegt – wie auch das Verhältnis des Menschen zur Natur – einem steten Wandel. In der vorliegenden Arbeit wird unter dem Begriff „Natur" im Einklang mit dem dargelegten umfangslogischen Naturbegriff alles das verstanden, was uns umgibt – „...von subatomaren Teilchen über Prozesse, die in unserem Körper ablaufen, bis zu Reaktionen, die in der Sonne stattfinden“ (Steffensky, 2017).

An die Definition von Natur anknüpfend wird im folgenden Abschnitt das Wesen der Naturwissenschaften in den Blick genommen.

2.2 Das Wesen der Naturwissenschaften

Die Naturwissenschaften sind dem Begriff folgend zunächst einmal die Wissenschaften, die sich mit der Natur beschäftigen. Sie tragen zum Verständnis der Natur und Lebenswelt bei und sind Teil sowie Errungenschaft der menschlichen Kultur dar (Gebhard et al., 2017). Naturwissenschaften werden häufig in Abgrenzung zu den Geisteswissenschaften definiert. Sie befassen sich mit Objekten der Natur und Technik und haben das Ziel, diese mittels Kausalbeziehungen aus Ursachen und ihren Wirkungen zu erklären. In den Geisteswissenschaften dagegen liegt der Fokus dagegen auf Subjekten, dem Geist, dem Sinn und dem Verstehen (Gebhard et al., 2017). Die Trennung zwischen Natur- und Geisteswissenschaften ist historisch bedingt. Eine klare Abgrenzung, vor allem zwischen den Arbeitsweisen beider Bereiche, ist im Zuge der Überwindung dualistischer Trennungen von Natur und Kultur nicht mehr üblich. Innerhalb der Naturwissenschaften wird ebenfalls historisch bedingt zwischen den Bereichen Biologie, Physik und Chemie differenziert. Diese Fächerlogik findet sich auch im Lehrplan der weiterführenden Schulen wieder, obwohl eine trennscharfe Abgrenzung und eindeutige Zuordnung einzelner Themen zu den drei Bereichen insbesondere in den modernen Naturwissenschaften nicht möglich ist.

Zwei zentrale konstituierende Elemente werden den Naturwissenschaften zugeordnet: einerseits das Wissen über Konzepte, Theorien und Gesetze und andererseits die Prozesse und Methoden zur Generierung dieses Wissens. Diese beiden Elemente werden im Hinblick auf die Passung für den frühpädagogischen Bereich im Abschnitt 2.3 Frühe naturwissenschaftliche Bildung beleuchtet.

Darüber hinaus gibt es bestimmte Charakteristika, die häufig speziell den Naturwissenschaften zugewiesen werden. Diese werden in Publikationen zur Naturwissenschaftsdidaktik kontrovers diskutiert. Nach Dittmer (2018) ist angesichts der Komplexität der soziologischen und historischen Diskurse eine eindeutige Bestimmung dessen, was das Wesen der Naturwissenschaften ist, nicht angemessen.

Des Weiteren werden durch Werbung und die Unterhaltungsindustrie bestimmte Bilder von Naturwissenschaften erzeugt. Das Bild der Naturwissenschaften in der Werbung ist beispielsweise positiv und vermittelt den Eindruck von einer wissenden und über Zweifel erhabenen Autorität. Es existiert also ein Image der Naturwissenschaft, das nicht durch die Naturwissenschaften selbst oder den Unterricht, sondern durch Medien- und Kommunikationsexpertinnen und -experten, die den Naturwissenschaften fernstehen erzeugt wird (Gebhard et al., 2017).

Dadurch entsteht ein verzerrtes Bild der Naturwissenschaften, das sich auch in Studienergebnissen zeigt (siehe Abschn. 2.2.2 Studien zu Vorstellungen über das Wesen der Naturwissenschaften).

Im schulischen Kontext existieren bereits seit Langem im deutschen und im angloamerikanischen Sprachraum pädagogische und didaktische Begründungen für einen Unterricht, der das Wesen der Naturwissenschaften thematisiert. Seit den 80-er Jahren spielt diese Thematik, vor allem in den USA und in England, eine beträchtliche Rolle sowohl in der Naturwissenschaftsdidaktik als auch unter dem Einfluss der Forschung zu Prozessen des begrifflichen Wandels („Conceptual Change") in der pädagogischen Psychologie (Sodian et al., 2002).

International wird in der Naturwissenschaftsdidaktik ein angemessenes Wissenschaftsverständnis unter dem Begriff Nature of Science (NOS) diskutiert und gelehrt. Ebenfalls Verwendung finden die Begriffe „Feature of Science" (Matthews, 2011) oder „Natur der Naturwissenschaften" (Kircher & Dittmer, 2004).

Unter dem Wesen der Naturwissenschaften werden Lehr-Lern-Aspekte verstanden, die die Art und Weise der Gewinnung naturwissenschaftlicher Erkenntnisse, deren Genese und den Charakter naturwissenschaftlicher Erkenntnisse betreffen. Zu den Bezugswissenschaften zählen die Wissenschaftstheorie, die Wissenschaftsgeschichte, die Wissenschaftsethik, die Erkenntnistheorie (Epistemologie) sowie die psychologische Forschung über Vorstellungen zur generellen Natur von Wissen und Wissenserwerbsprozessen (epistemologische Überzeugungen), die sich auf die Domäne der Naturwissenschaften beziehen (Höttecke & Hopf, 2018).

2.2.1 Nature of Science - Zentrale Aspekte

Wie oben bereits zitiert, stellt eine angemessene Bestimmung dessen, was das Wesen der Naturwissenschaften ausmacht, ein Problem dar. Lederman et al. (2002) beschreiben im Zuge der Entwicklung des „Views of Nature of Science Questionnaire" (VNOS) (siehe Abschn. 7.3.2 Fragebogenkonstruktion) auch unter Bezugnahme auf die amerikanischen National Science Education Standards (NSES) (American Association for the Advancement of Science [AAAS], 1990) sieben Aspekte, die ein angemessenes Verständnis der Natur der Naturwissenschaften umfassen sollte. Auch Osborne et al. (2003) gelangen mit der Methode einer Delphistudie zu einem fächerübergreifenden Konsens über Kompetenzen, über die Schülerinnen und Schüler im Hinblick auf die Natur der Naturwissenschaften verfügen sollten. Die in beiden Arbeiten aufgeführten Aspekte stimmen weitestgehend überein und können somit als konsensfähig betrachtet werden.

Der Minimalkonsens über das Wesen der Naturwissenschaften umfasst demnach sieben Aspekte, die im folgenden Abschnitt mit Bezug auf die Arbeiten von Lederman et al. (2002), Osborne et al. (2003) und Billion-Kramer (2021) genannt und erläutert werden.

Kreativität und Vorstellungskraft
Zur Erklärung naturwissenschaftlicher Zusammenhänge werden in den Naturwissenschaften Theorien und Modelle entworfen, die sich in der Empirie bewähren müssen. Dabei findet keine Abbildung der materiellen (realen) Welt statt (Billion-Kramer, 2021). Naturwissenschaftliche Erkenntnis wird durch ein Zusammenspiel von Beobachtungen der natürlichen Welt und menschlicher Vorstellungskraft generiert.

Methodenvielfalt
Für ein Forschungsvorhaben existiert keine permanente oder zeitlos gültige Methode, sondern im Erkenntnisprozesse findet die Vielfältigkeit der Methoden Berücksichtigung. Eine besondere Stärke liegt im Methodenpluralismus: Unterschiedliche Methoden können demnach in Konkurrenz zueinander und in einen sich gegenseitig befruchtenden Diskurs treten (Billion-Kramer, 2021).

Unterscheidung zwischen Gesetzen und Theorien
Bei Gesetzen und Theorien handelt es sich um unterschiedliche Arten wissenschaftlicher Erkenntnis, die in keinem hierarchischen Zusammenhang stehen. Dabei beschreiben Gesetze Zusammenhänge empirisch gewonnener Daten und Theorien versuchen ein Phänomen zu erklären. Wissenschaftliche Theorien sind als das Produkt menschlicher Denkkollektive zu verstehen und nicht als das Abbild der Natur.

Vorläufigkeit und Veränderlichkeit
Wissenschaftliche Theorien und Gesetze stellen den aktuellen Stand der Forschung dar und unterliegen keinem ewigen Gültigkeitsanspruch.

Soziale und kulturelle Einbettung
Die Wissenschaft kann nicht unabhängig von Kultur und sozialen Netzen betrachtet werden, sondern ist in hohem Maße von sozialer Interaktion geprägt. Soziale, kulturelle und technologische Aspekte beeinflussen den Erkenntnisprozess.

Unterscheidung zwischen Beobachtungen und Schlussfolgerungen
Im Erkenntnisprozess wird streng zwischen Beobachtungen und Schlussfolgerungen differenziert. Beobachtungen beruhen auf Sinneswahrnehmungen, denen subjektive Anteile zugrunde liegen. Schlussfolgerungen sind den menschlichen Sinnen hingegen nicht direkt zugänglich (Billion-Kramer, 2021).

Subjektivität des Forschenden im Erkenntnisprozess
Subjektive Grundannahmen, Theorien und Überzeugungen etc. beeinflussen die Denkweise und die Konzeption des Forschungsdesigns. Damit stellen sie subjektive Einflussgrößen auf den Erkenntnisprozess des Forschenden dar.

Die sieben beschriebenen Aspekte, die als Minimalkonsens das Wesen der Naturwissenschaften beschreiben, sind grundsätzlich als ganzheitliches Konstrukt zu verstehen und nicht als Sammlung isolierbarer Facetten.

2.2.2 Studien zu Vorstellungen über das Wesen der Naturwissenschaften

“Students should develop an understanding of what science is, what science is not, what science can and cannot do, and how science contributes to culture.” (National Research Council [NRC], 1996).

Ein Verständnis über das Wesen der Naturwissenschaften gilt im schulischen Kontext bereits seit langer Zeit als wichtiger Inhalt naturwissenschaftlichen Unterrichts (Billion-Kramer, 2021; Hößle et al., 2004; Lederman et al., 2002). Zahlreiche Befunde belegen jedoch, dass Schülerinnen und Schüler häufig über verzerrte Vorstellungen hinsichtlich des Wesens der Naturwissenschaften verfügen. Da für viele Schülerinnen und Schüler eine tiefere Auseinandersetzung mit Naturwissenschaften aufgrund einer Studiums- oder Ausbildungswahl außerhalb des MINT-Bereichs nach Beendigung der Schule nicht mehr gegeben ist, ist es fraglich, ob dieses verzerrte Bild über das Wesen der Naturwissenschaften über die Lebensspanne hinweg revidiert wird.

Lederman et al. (2002) entwickelten unter Berücksichtigung der oben angeführten Aspekte des Wesens der Naturwissenschaften ein Instrument, um die Sicht von Lernenden auf das Wesen der Naturwissenschaften zu erfassen. Dieses

Instrument wurde durch zusätzliche Interviews validiert und teilweise in modifizierter Form in unterschiedlichen Studien eingesetzt. Auch für die Datenerhebung der in dieser Arbeit berichteten Befunde wurden Items aus diesem Fragebogen berücksichtigt (siehe Abschn. 7.3.2 Fragebogenkonstruktion).

Ein Überblick über zentrale Studienergebnisse findet sich beispielsweise in Höttecke und Hopf (2018). Die Befunde beziehen sich auf die Aspekte „Vorstellungen zur Person der Naturwissenschaftlerin oder des Naturwissenschaftlers", „epistemologischer Status naturwissenschaftlichen Wissens" und „naturwissenschaftlichen Experimentieren". Zentrale Ergebnisse zum epistemologischen Status naturwissenschaftlichen Wissens werden im folgenden Abschnitt näher erläutert, da sie für die berichtete Datenerhebung in dieser Arbeit besondere Relevanz haben.

Studienergebnisse weisen darauf hin, dass vor allem die Vorstellungen von Schülerinnen und Schülern über Gesetze und Theorien als problematisch zu betrachten sind. Während Theorien häufig analog zur Alltagsverwendung mit unsicheren Vermutungen gleichgesetzt werden, werden Gesetze häufig mit gesichertem Wissen in Verbindung gebracht und naturwissenschaftliches Wissen als etwas statisches und die Wirklichkeit unmittelbar Abbildendes verstanden (Höttecke & Hopf, 2018). Des Weiteren weisen die Befunde darauf hin, dass bei den befragten Schülerinnen und Schülern das Verständnis darüber fehlt, dass Naturwissenschaften eine soziale, in Institutionen verankerte Praxis von Expertinnen und Experten ist, die die Gültigkeit neuer Erkenntnisse miteinander aushandeln und sich gegenseitig kontrollieren (Gebhard et al., 2017). Insbesondere dieser Aspekt der kulturellen Einbettung und sozialen Praxis naturwissenschaftlicher Erkenntnisgewinnung scheint demnach im Schulunterricht sowie in der Ausbildung von Lehrkräften wenig Berücksichtigung zu finden. Das Wissen über naturwissenschaftliche Gesetze und Theorien wird in der Schule eher als fertiger und abgeschlossener Inhalt und „… nicht als forschende Auseinandersetzung einer lernenden Gemeinschaft, einer Community gelehrt bzw. inszeniert" (Billion-Kramer, 2021).

Lederman et al. (2002) stellen die Förderung einer angemessenen Sicht auf das Wesen der Naturwissenschaften als zentrales Ziel naturwissenschaftlicher Bildung vom Kindergarten bis zum Ende der Schulzeit heraus. Auch Möller (2009) regt an, dass die Basis für frühes naturwissenschaftliches Lernen auf einem breiten Begriff von Scientific Literacy rekurriert, der nicht auf die im engeren Sinne naturwissenschaftlichen Bereiche beschränkt ist, sondern auch technische, soziale und gesellschaftliche Aspekte von Naturwissenschaften umfasst.

In einigen wenigen fachdidaktischen Veröffentlichungen zur frühen naturwissenschaftlichen Bildung wird dieses Thema aufgegriffen (z. B. Steffensky, 2017) und es findet auch im Literacy-Konzept Berücksichtigung (siehe Abschn. 2.3.2 Konzepte früher naturwissenschaftlicher Bildung). In der aktuellen Fassung des Orientierungsplans von 2016 des Landes Baden-Württemberg lassen sich im Bildungs- und Entwicklungsfeld „Denken“, in dem die frühe naturwissenschaftliche Bildung verortet ist, keine Hinweise auf diesen Aspekt finden.

Während die Erforschung des Naturwissenschaftsverständnisses von Lernenden, Studierenden und Lehrkräften ein international relativ intensiv bearbeitetes Forschungsfeld darstellt, findet die Gruppe der pädagogischen Fachkräfte in diesem Kontext nur wenig Berücksichtigung. In den wenigen Forschungsbefunden zu naturwissenschaftlicher Kompetenz pädagogischer Fachkräfte oder zu den Einstellungen pädagogischer Fachkräfte gegenüber den Naturwissenschaften (siehe Abschn. 5.2 Forschungsstand Vorstellungen über naturwissenschaftliche Bildung) wird der Bereich Vorstellungen über das Wesen der Naturwissenschaften nur sehr selten mit erhoben.

In der Studie zur Naturwissenschaftlichen Kompetenzentwicklung im Elementarbereich (SNaKE) (N. Kuhn et al., 2012) wurden auch die Vorstellungen pädagogischer Fachkräfte über das Wesen der Naturwissenschaften erfasst. Im Gegensatz zu den oben berichteten Studienergebnissen, die mit Schülerinnen und Schülern gewonnen wurden, konnte hier herausgestellt werden, dass die meisten befragten Fachkräfte Vorstellungen ablehnen, die naturwissenschaftliches Wissen als endgültiges Wissen beschreiben, in dem es genau eine richtige Lösung gibt. Nachdem in diesem Kapitel auf die Schwierigkeiten einer Definition des Begriffs „Natur“ eingegangen wurde und die unterschiedlichen Aspekte des Wesens der Naturwissenschaften erläutert wurden, wird im folgenden Abschnitt der Bereich der frühen naturwissenschaftlichen Bildung in den Blick genommen.

2.3 Frühe naturwissenschaftliche Bildung

Inzwischen herrscht Konsens darüber, dass der Bildungsauftrag der Kindertageseinrichtungen auch den Bereich der frühen naturwissenschaftlichen Bildung umfasst. Bereits 2006 stellt Harlen fest,

> "...there is no longer a need to justify the position of science in early stage in a child's life, nor the need to persuade principals and teachers into acknowledging the importance of science; however, it is now necessary to assist teachers in starting and continuing to teach science to children, as well as overcome any difficulties that may arise."

Die aktuelle Frage ist somit nicht mehr, ob Naturwissenschaften einen Platz in der Kita haben, sondern vielmehr was unter früher naturwissenschaftlicher Bildung zu verstehen ist und welche Komponenten sie umfasst.

Gebhard und Rehm (2018) stellen heraus, dass sich die frühe naturwissenschaftliche Bildung bei Kindern auf zwei günstige Voraussetzungen stützen kann: Zum einen sind Kinder ohnehin auf dem Weg zum Verstehen der Welt und interessieren sich aus diesem Grund für naturwissenschaftliche Zusammenhänge. Zum anderen kommen Naturerfahrungen dem Bedürfnis nach Freiheit und Abenteuer entgegen. Dadurch ist Natur für Kinder interessant und spannend. Durch Naturerfahrungen kann eine Bildung an der Natur ermöglicht und angebahnt werden. Frühe naturwissenschaftliche Bildung kann demnach als ein „Verstehen von Welt" (Rehm, 2015) verstanden werden. Für dieses Verständnis früher naturwissenschaftlicher Bildung sprechen Befunde, die darauf hinweisen, dass ein rapider Rückgang des naturwissenschaftlichen Interesses bei Kindern eintritt, sobald ein Fachunterricht besucht wird, der auf das Anhäufen von Wissensbeständen abzielt und nicht auf das sinnhafte Verstehen von Zusammenhängen (Gebhard & Rehm, 2018).

2.3.1 Frühe naturwissenschaftliche Bildung oder Naturkunde?

Zunächst einmal ist begrifflich zwischen früher naturwissenschaftlicher Bildung und Naturerfahrungen und Naturerkundungen zu unterscheiden. Diese Begrifflichkeiten werden im Kontext der frühen Bildung kontrovers diskutiert.

Scholz (2019) verweist darauf, dass es zwei Denkstile hinsichtlich der Erreichung des Ziels gibt, dass Schülerinnen und Schüler über naturwissenschaftliches Wissen verfügen, wenn sie die Schule verlassen. Die eine Richtung plädiert unter dem Stichwort „naturwissenschaftliche Bildung" dafür, Kinder möglichst früh durch Teilhabe an Experimenten an naturwissenschaftliches Wissen und naturwissenschaftliche Methoden heranzuführen. Die andere Perspektive, die häufig mit dem Stichwort „Naturerfahrungen oder/und Naturerkundungen" verknüpft wird, plädiert dafür, zunächst unterschiedliche Methoden aufzuzeigen, wie man Natur interpretieren kann und sich erst spät mit naturwissenschaftlichen Methoden zu beschäftigen. Scholz begründet diese Sichtweise damit, dass der Bildungsauftrag darin besteht, „... mit Natur umzugehen und nicht wie die sogenannte naturwissenschaftliche Bildung dies propagiert mit einer einzigen Umgangsweise mit Natur" (S. 28). Die Diskussion um eine Abgrenzung der Begrifflichkeiten „Naturkunde" und „Naturwissenschaften" ist nicht neu, fand jedoch im 19. Jahrhundert in einem anderen Kontext statt. Naturkunde wurde in dieser Zeit von Laien ausgeübt. So wurden im 19. Jahrhundert nur die Fachartikel von männlichen Autoren als „naturwissenschaftlich" bezeichnet, die Fachartikel von Frauen hingegen als „naturkundlicher Stil" und damit den Artikeln ihre Wissenschaftlichkeit abgesprochen (Schwarz, 2008).

Der Begriff „naturwissenschaftliche Bildung" legt die Frage nach dem zugrundeliegenden Wissenschaftsverständnis nahe. Hier fällt es jedoch schwer, eine einheitliche Definition zu finden, da diese je nach Disziplin variiert (Wehner, 2014). Nach Sodian et al. (2002) beinhaltet ein Wissenschaftsverständnis im naturwissenschaftlichen Bereich „...Einsicht in erkenntnistheoretische, wissenschaftstheoretische und wissenschaftsethische Grundlagen der Naturwissenschaften" (S. 192). Diese Definition beinhaltet ein Verständnis über das Wesen der Naturwissenschaften, wie beispielsweise den tentativen Charakter oder die Bedeutung von Beobachtung und experimentellen Ergebnissen, wie in Abschn. 2.2.1 (Nature of Science – zentrale Aspekte) dargelegt wurde.

Seit der fachdidaktischen Bewegung „Von der Heimatkunde zum Sachunterricht" (Schwarz, Grotelüschen 1977 zitiert nach Wehner, 2014) ist die Wissenschaftsorientierung fester Bestandteil des Sachunterrichts in der Grundschule. Ein wissenschaftsorientierter Unterricht ohne eine Berücksichtigung der Prinzipien Entwicklungs- und Kindgemäßheit ist jedoch unwirksam (Wehner, 2014). Ebenso – wenn nicht sogar in größerem Maße – muss dieser Zusammenhang für den frühpädagogischen Bereich gelten.

Die Begriffe „Naturerkundungen" und „Naturerfahrungen" werden häufig synonym verwendet, obwohl auch diese beiden Begrifflichkeiten differenziert betrachtet werden müssen. Während der Begriff Naturkunde die Erforschung der Natur impliziert, können Naturerfahrungen als eine „reflexive Auseinandersetzung mit der Natur" (Gebhard, 2021, S. 43) verstanden werden. Gebhard et al. (2021) diskutieren in ihrem Band die pädagogische und didaktische Bedeutung von Naturerfahrungen bezogen auf Bildungsprozesse. Dabei gehen sie von der zentralen Annahme aus, dass Naturerfahrungen Bildungsprozesse eröffnen können. Während jedoch der Lerngegenstand Natur sich zu Zwecken der Wissensvermittlung didaktisch aufbereiten lässt, unterliegt das Anbahnen von Naturerfahrungen sehr viel stärker situativen und biographisch geprägten Bedeutungszuschreibungen und Naturwahrnehmungen, bei denen das Wahrnehmungssubjekt mit dem Naturraum in Interaktion tritt (Dittmer & Gebhard, 2021). Naturerfahrungen können also naturwissenschaftliche Bildungsprozesse eröffnen, aber naturwissenschaftliche Bildung ergibt sich nicht von selbst aus Naturerfahrungen (Gebhard & Rehm, 2018). Gebhard und Rehm (2018) konstatieren, dass von einer Spannung zwischen Naturerfahrungen und naturwissenschaftlicher Bildung auszugehen ist, die aber durchaus einen bildungswirksamen Charakter haben kann.

Eine uneinheitliche Verwendung der Begriffe Naturkunde und Naturwissenschaften zeigt sich nicht nur in der Frühpädagogik, sondern auch im Primar- und Sekundarbereich. Dies wird an der Benennung des Schulfachs, das die drei Fächer Biologie, Chemie und Physik umfasst, deutlich. Es wird zum Teil als „Naturwissenschaften" oder auch als „Naturkunde" bezeichnet ohne dass sich inhaltliche Unterschiede ausmachen lassen (Labudde, 2014). Im frühpädagogischen Kontext scheint sich der Begriff der naturwissenschaftlichen Bildung durchgesetzt zu haben (z. B. Wiff-Expertise „Naturwissenschaftliche Bildung in Kindertageseinrichtungen"), obschon die Verwendung des Begriffs „Wissenschaft" im frühpädagogischen Kontext zu Recht nicht unumstritten bleibt.

2.3.2 Konzepte früher naturwissenschaftlicher Bildung

Nach Wagenschein (Berg, 2009; Wagenschein, 2009) gibt es zwei gegensätzliche Wege, Kindern physikalische Zusammenhänge nahezubringen: Der erste wird vom Ende her geplant. Er geht von den Grundbegriffen und mathematischen Strukturen der heutigen Physik aus und ist darauf ausgerichtet, diese Physik den Kindern verständlich zu machen. Der andere Weg ergibt sich daraus, dass der Lehrende Kinder während der Begegnung mit Naturphänomenen und den damit verbundenen Herausforderungen anfänglichen Verstehens beobachtet und unterstützt.

Diese von Wagenschein 1973 beschriebenen Wege lassen sich als ein Aspekt im aktuellen Diskurs über naturwissenschaftliche Konzepte wiederfinden.

Grundsätzlich kann zwischen zwei Konzepten früher naturwissenschaftlicher Bildung differenziert werden: dem klassischen Konzept, das sich im Wesentlichen am Bildungsbegriff nach Humboldt orientiert und dem pragmatischen Konzept der Scientific Literacy. Häufig findet eine Abgrenzung statt zwischen Bildung im Sinne einer Entfaltung einer persönlichen Identität und einer Aneignung von Welt und eher bereichsspezifischen Kompetenzen, wie sie im Literacy Konzept verankert sind (Gebhard & Rehm, 2018). Beide Konzepte werden im nachfolgenden Absatz kurz erläutert, sollen in dieser Arbeit aber nicht als konkurrierende und sich gegenseitig ausschließende Ansätze verstanden In der Frühpädagogik wird mittlerweile vielfach für eine Verknüpfung beider Ansätze plädiert (Roßbach et al., 2010).

Klassisches Konzept
Nach Humboldt wird Bildung als Selbstbildung und ohne äußeren Zweck definiert: „Der wahre Zwek des Menschen nicht der, welchen die wechselnde Neigung, sondern welchen die ewig unveränderliche Vernunft ihm vorschreibt ist die höchste und proportionirlichste Bildung seiner Kräfte zu einem Ganzen.“ (Humboldt, 1903, S. 106). Im Zentrum steht das einzelne Individuum und dessen Persönlichkeitsentwicklung. Nach dem klassischen Bildungsverständnis ist Bildung nicht gleichzusetzen mit Wissen, Fähigkeiten oder Fertigkeiten, sondern es geht vielmehr um das Verständnis des Umgangs mit diesem Wissen in der Beziehung zu anderen Menschen. Im Kontext der frühen naturwissenschaftlichen Bildung bedeutet dies, dass es nicht in erster Linie um die Aneignung naturwissenschaftlicher Inhalte geht, sondern um die Auseinandersetzung eines Subjekts mit der belebten und unbelebten Natur, um diese als Teil der Welt zu erfahren und zu verstehen. In diesem Prozess hinterfragt das Individuum seine bisherigen Erkenntnisse und Überzeugungen und erkennt möglicherweise Widersprüche, die zu Irritationen führen können. Nach diesem Bildungsverständnis besteht die Begleitung der pädagogischen Fachkraft im kindlichen Bildungsprozess darin, Irritationen nicht zu begrenzen oder zu verhindern, sondern sie als Ausgangspunkt für Bildungsprozesse zu betrachten (Gebhard & Rehm, 2018).

Scientific Literacy
Im deutschsprachigen Raum wird für den Begriff „Scientific Literacy“ häufig der Begriff der naturwissenschaftlich-technischen Grundbildung synonym verwendet. Kontroverse Diskussionen über eine synonyme Verwendung dieser beiden Begriffe finden sich beispielsweise in Schwantner und Schreiner (2008).

In der naturwissenschaftsdidaktischen Literatur, insbesondere der angelsächsischen, besteht weitgehend Einigkeit darüber, dass Scientific Literacy ein Bildungsziel des naturwissenschaftlichen Unterrichts und der frühen naturwissenschaftlichen Bildung ist (z. B. Gräber und Nentwig (2002); Steffensky (2017).

„Scientific Literacy“ beschreibt ein komplexes Konzept, das neben der Fähigkeit, über naturwissenschaftliches Wissen zu verfügen und dieses in Situationen anwenden zu können, auch nichtkognitive Komponenten, wie etwa Interesse an Naturwissenschaften, Lernfreude und das Zutrauen in die eigenen Fähigkeiten umfasst (Prenzel et al. 2007).

Die Definitionen, die sich für das Konzept „Scientific Literacy“ finden lassen, sind nicht einheitlich. Nach Baumert et al. (2001, S. 26) wird Scientific Literacy im Sinne einer naturwissenschaftlichen Grundbildung als „Verständnis grundlegender naturwissenschaftlicher Konzepte, die Vertrautheit mit naturwissenschaftlichen Denk- und Arbeitsweisen sowie die Fähigkeit, dieses Konzept- und Prozesswissen vor allem bei der Beurteilung von naturwissenschaftlich-technischen Sachverhalten anzuwenden“ verstanden.

Es handelt sich hierbei um einen pragmatischen Bildungsbegriff, der Bildung als Teilhabe definiert. Dieses Konzept lässt sich im Bildungsbericht und in den Bildungsstandards wiederfinden.

Die OECD (2017) gliedert Scientific Literacy in die Wissensbereiche „inhaltsbezogenes Wissen über naturwissenschaftliche Konzepte“, „prozessbezogenes Wissen, also Wissen über naturwissenschaftliche Denk- und Arbeitsweisen“ sowie „epistemologisches Wissen, also Wissen über die Voraussetzungen, Generierung und Grenzen des Wissens“ auf. Die beiden letzten Aspekte werden auch als Wissen über Naturwissenschaften bezeichnet und beziehen sich darauf, wie in den Naturwissenschaften Erkenntnisse gewonnen werden und wie diese beschaffen sind. Dieses Verständnis von Scientific Literacy wird auch den internationalen Schulleistungsuntersuchungen PISA zugrunde gelegt.

Neben dem Erwerb und dem Behalten von Grundwissen und -fähigkeiten geht es im Literacy-Konzept auch um die Fähigkeit, dieses Wissen anwenden zu können (Aktivierung und Anwendung des gespeicherten Materials) (Gräber & Nentwig, 2002).

Die OECD formuliert als wesentliches Ziel von Scientific Literacy „die Anwendbarkeit für die jetzige und die spätere, nachschulische Teilhabe an einer Kultur sowie die Anschlussfähigkeit im Sinne kontinuierlichen Weiterlernens über die Lebensspanne“ (Sälzer & Reiss, 2016, S. 17). Damit wird ein kumulativer Prozess beschrieben, der in der frühesten Kindheit beginnt und über den Kindergarten und die Schule hinweg zu einer lebenslangen Auseinandersetzung mit naturwissenschaftlichen Fragestellungen führen soll (Carstensen et al., 2011).

Anders als im klassischen Bildungsverständnis, das das Individuum mit seiner Persönlichkeitsentwicklung und damit Themen wie Reflexivität, Mündigkeit, Persönlichkeit und Partizipation im Fokus hat, liegt der Fokus von Scientific Literacy auf der Teilhabe des Einzelnen an einer durch Naturwissenschaften und Technik geprägten Gesellschaft. Gebhard und Rehm (2018) verweisen darauf, dass dieses Konzept nicht zwangsläufig Bildungsprozesse beschreibt, da Bildungsprozesse Veränderungen im Selbst- und Weltbild jedes Individuums nach sich ziehen müssten. Gebhard et al. (2017) stellen die Mutmaßung an, dass die Diffusität des Bildungsbegriffs ein Grund dafür ist, warum in der naturwissenschaftlichen Fachdidaktik auf eine bildungstheoretische Fundierung, wie sie von Humboldt vorgenommen wurde, weitestgehend verzichtet wird.

2.3.3 Inhalte früher naturwissenschaftlicher Bildung

In der Naturwissenschaftsdidaktik besteht weitestgehend Konsens darüber, dass sich die Inhalte früher naturwissenschaftlicher Bildung aus zwei Elementen zusammensetzen: Einerseits aus inhaltsbezogenem Wissen über Gesetze, Theorien und Konzepte und andererseits aus prozessbezogenem Wissen über naturwissenschaftliche Denk- und Arbeitsweisen (Steffensky, 2017). Dabei kann das inhaltsbezogene Fachwissen als anwendbares Wissen über alltägliche naturwissenschaftliche Phänomene definiert werden, welches es ermöglicht, Prozesse zu beschreiben und naturwissenschaftliche Themen auf der Basis von beobachtbaren Zusammenhangen zu erklären (Steffensky et al., 2018).

Wissen über Konzepte, Theorien und Gesetze
In der naturwissenschaftlichen Fachdidaktik werden die Inhalte grob in die Bereiche der belebten und der unbelebten Natur untergliedert (Steffensky, 2017; Asmussen, 2020; Leuchter, 2017). Dabei findet eine Orientierung an der Logik der Schulfächer statt, indem Themen, die den Bereichen der Biologie oder der organischen Chemie zuzuordnen sind, der belebten Natur zugeordnet werden und Themen aus den Bereichen der anorganischen Chemie und der Physik, der unbelebten Natur. Eine trennscharfe Abgrenzung zwischen beiden Bereichen ist jedoch nicht möglich, da einige Themen, wie z. B. die Energie, beiden Bereichen zuzuordnen sind. Auch in der vorliegenden Arbeit wurde in der Fragebogenuntersuchung begrifflich zwischen den Bereichen der belebten und der unbelebten Natur differenziert, da diese Unterscheidung sowohl von pädagogischen Fachkräften als auch im Feld der Naturwissenschaftsdidaktik praktiziert wird.

Um die Vielzahl der unterschiedlichen Themen des Bereichs Naturwissenschaften zu strukturieren, orientieren sich viele schulische Curricula an übergeordneten Konzepten, die als „Core Concepts“, „Big Ideas“ oder „Basiskonzepte“ bezeichnet werden (Steffensky, 2017). In Anlehnung an die amerikanische Rahmenkonzeption naturwissenschaftlicher Bildung (National Research Council 2012) differenziert Steffensky (2017) zwischen acht übergeordneten Konzepten: Evolution, Vererbung, Ökosystem, Lebewesen, Energie, Schwingungen und Wellen, Kräfte und Wechselwirkungen sowie Materie.

Für alle diese Konzepte lassen sich Themenbeispiele finden, die auch bereits für Kinder im Kita-Alter Relevanz haben, da Kinder ohnehin im Alltag Erfahrungen mit diesen Themen machen und dementsprechend eigene Theorien und Konzepte entwickeln. Die angeführten Konzepte sind als Strukturierung zu verstehen und nicht als Liste abzuarbeitender Themen im Kita-Alltag. Einige der

Themen werden explizit im Orientierungsplan von Baden-Württemberg aufgeführt wie beispielsweise der Bereich „Materie, Kräfte und Wechselwirkungen" oder der Bereich „Lebewesen" (Baden-Württemberg, 2016). Leuchter (2017) nimmt eine etwas weniger differenzierte Strukturierung der naturwissenschaftlichen Themen für den Kita-Bereich vor. Sie verweist auf die drei Konzepte Material (lässt sich dem Konzept Materie zuordnen), Stabilität (lässt sich dem Konzept Kräfte zuordnen) und Energie.

Im Gegensatz zum schulischen Bereich besteht im Bereich der frühen naturwissenschaftlichen Bildung kein Konsens darüber welche Inhalte und Arbeitsweisen bereits im Kita-Alter erworben werden sollten. Dies schlägt sich auch in der großen Heterogenität der naturwissenschaftlichen Themen in den unterschiedlichen Bildungsplänen der einzelnen Bundesländer nieder.

Ein Vergleich der Forschungsbefunde zu den Bereichen Mathematik oder Sprache mit dem Bereich Naturwissenschaften macht deutlich, dass das Wissen über naturwissenschaftliche Kompetenzen und ihre Entwicklung in der frühen Kindheit bisher noch deutlich weniger ausdifferenziert ist. Es ist bisher wenig darüber bekannt, welche Fähigkeiten für ein späteres naturwissenschaftliches Verständnis besondere Relevanz haben (Schmerse, 2021). Ein umfangreiches Angebot an Lernmaterialien, das in erster Linie Experimente zu unterschiedlichen Inhaltsbereichen umfasst und wenig Hinweise darauf liefert, wie diese Materialien in eine kognitiv anregende Lernumgebung eingebettet werden können, verstärkt die Verwirrung über geeignete Inhalte für den Kita-Alltag.

Prozesse und Methoden zur Generierung naturwissenschaftlichen Wissens

Im Mittelpunkt des prozessbezogenen Wissens stehen naturwissenschaftliche Denk- und Arbeitsweisen. Naturwissenschaften sind empirisch arbeitende Wissenschaften, in denen das Experiment eine zentrale Arbeitsweise darstellt. Unter einem wissenschaftlichen Experiment werden Untersuchungsanordnungen verstanden, mit denen Kausalzusammenhänge überprüft werden. Dabei wird der Einfluss einer unabhängigen Variablen auf zu messende abhängige Variablen untersucht (Brosius et al., 2012) unter Berücksichtigung wissenschaftlicher Gütekriterien. In der didaktischen Literatur wird der Begriff des Experiments häufig synonym mit dem Begriff Versuch verwendet (Steffensky, 2017). Nach diesem Verständnis erhält das Experiment auch bereits für den frühpädagogischen Bereich als Arbeitsmethode eine Bedeutung. Unter naturwissenschaftlichen Denk- und Arbeitsweisen, die für den naturwissenschaftlichen Unterricht Relevanz haben, werden folgende Fähigkeiten verstanden: Beobachten und Messen, Vergleichen und Ordnen, Erkunden und Experimentieren, Diskutieren und

Interpretieren, Modellieren und Mathematisieren und Recherchieren und Kommunizieren (Duit, 2004). Für den frühpädagogischen Bereich können die Denk- und Arbeitsweisen in ihrer Komplexität stark variieren und müssen der Altersstufe entsprechend angepasst werden. Es lassen sich keine spezifischen Denk- und Arbeitsweisen als besonders geeignet für den frühpädagogischen Bereich benennen (Steffensky, 2017).

Einige Denk- und Arbeitsweisen bieten sich jedoch aus einer alltagsintegrierten Perspektive besonders an. So können Kinder beispielsweise durch Sammeln, Aufräumen oder Wiegen Denk- und Arbeitsweisen wie Vergleichen, Ordnen oder Messen erleben (Bühler et al., 2023).

2.4 Frühe naturwissenschaftliche Bildung in den Bildungsplänen der Länder

In der ehemaligen DDR wurde im Krippen- und Kita-Bereich mit geschlossenen Erziehungs- und Bildungsplänen gearbeitet, die vor dem Hintergrund sozialistischer Menschenbildannahmen sowie entwicklungsnormativer Vorstellungen konzipiert worden waren (Fried, 2003). Die hohe Präzisierung der Bildungspläne ermöglichte es, die Umsetzung der Pläne zu kontrollieren. Die aktuellen Bildungspläne lassen den pädagogischen Fachkräften einen viel größeren Spielraum hinsichtlich der Gestaltung ihres pädagogischen Handelns.

Im „Gemeinsamen Rahmen der Länder für die frühe Bildung in Kindertageseinrichtungen“ aus dem Jahr 2004, der die Grundlage für die Entstehung der spezifischen Bildungspläne der einzelnen Bundesländer darstellt, wird darauf hingewiesen, dass junge Kinder ein großes Interesse an wissenschaftlichen Phänomenen der belebten und unbelebten Natur sowie am Experimentieren und Beobachten haben. Aus diesem Grund sollten die kindliche Neugier und der natürliche Forschergeist der Kinder, sich mit naturwissenschaftlichen Erscheinungen auseinanderzusetzen, entwicklungsgemäß gefördert werden (Kultusministerkonferenz, 2004).

Diese Forderung wird in den verschiedenen Bildungsplänen der Länder sehr unterschiedlich konkretisiert, obschon ein Konsens darüber besteht, dass es nicht Ziel früher naturwissenschaftlicher Bildung sein kann, schulische Inhalte vorzuverlegen. Während in einigen Bildungsplänen sehr konkrete Themen und Kompetenzen vorgegeben werden, werden in anderen Bildungsplänen eher Erfahrungen beschrieben, die Kindern im Bereich der frühen naturwissenschaftlichen Bildung ermöglicht werden sollten. So werden im 505 Seiten umfassenden

Bayerischen Bildungsplan (Bayerisches Staatsministerium für Arbeit und Sozialordnung, Familie und Frauen & Staatsinstitut für Frühpädagogik München, 2019) konkrete Projekte benannt (z. B. das „Wetter Projekt“, S. 90) und auch Kompetenzen angeführt wie beispielsweise die Schwimmfähigkeit von Lebewesen und Gegenständen, oder das Verständnis magnetischer Kraft (S. 291). Auch im Thüringer Bildungsplan (Thüringen, 2011) werden konkrete zu erwerbende Kompetenzen benannt wie beispielsweise „Die Kinder lernen die Eigenschaften verschiedener Stoffe kennen und können sie z. B. nach der Konsistenz sortieren (feste Körper, Flüssigkeiten, Gase)“ (S. 80). Im Orientierungsplan von Baden-Württemberg (Baden-Württemberg, 2016) werden dagegen eher Erfahrungen beschrieben wie beispielsweise „Die Kinder staunen über Alltags- und Naturphänomene und werden sprachlich begleitet und bestärkt.“ oder „Die Kinder sammeln verschiedene Dinge, wie Steine, Joghurtbecher, Blätter und Kastanien und andere Baumfrüchte“ (S. 40). Auch im nordrhein-westfälischen Bildungsplan (Ministerium für Schule und Bildung des Landes Nordrhein-Westfalen, 2016) liegt der Schwerpunkt eher auf den Erfahrungen wie beispielsweise „Den Kindern wird die Möglichkeit gegeben, Vorgänge in der Natur zu beobachten, sie genau zu beschreiben und daraus Fragen abzuleiten“ (S. 62).

Eine Analyse der Darstellung des Bildungsbereichs Natur in den 16 Bildungsplänen hinsichtlich des Konkretisierungsgrads naturwissenschaftlicher Themen liefert folgendes Ergebnis:

Bei der Darstellung in Tabelle 2.1: „Konkretisierungsgrad der Themenvorgabe für den Bildungsbereich Natur in den 16 Bildungsplänen für den Elementarbereich“ ist zu beachten, dass sich die Bildungspläne auf unterschiedliche Altersspannen beziehen. Während einige Bildungspläne speziell für den Altersbereich Kita-Alter konzipiert sind (z. B. Baden-Württemberg, Bayern, Berlin) beziehen sich andere Bildungspläne sowohl auf das Kita- als auch auf das Grundschulalter (0–10 Jahre) (z. B. Hessen, Mecklenburg-Vorpommern, Nordrhein-Westfalen), oder sogar auf die Altersspanne bis 18 Jahre (Thüringen).

Tabelle 2.1: „Konkretisierungsgrad der Themenvorgabe für den Bildungsbereich Natur in den 16 Bildungsplänen für den Elementarbereich“ ist zu entnehmen, dass in sieben der 16 Bildungspläne konkrete Themen vorgegeben und Kompetenzen benannt werden, die Kinder im Bereich der frühen naturwissenschaftlichen Bildung erwerben sollten. In weiteren sieben Bildungsplänen werden Erfahrungen beschrieben, die Kindern im Bereich der frühen naturwissenschaftlichen Bildung ermöglicht werden sollen. Zwei der Bildungspläne lassen sich keinem der beiden Bereiche eindeutig zuordnen, da hier hauptsächlich Beispiele angegeben werden, die sowohl dem einen als auch dem anderen Bereich zugeordnet werden können.

Tabelle 2.1 Konkretisierungsgrad der Themenvorgabe für den Bildungsbereich Natur in den 16 Bildungsplänen für den Elementarbereich[1]

Bundesland	Es werden eher konkrete Themen und zu erwerbende Kompetenzen vorgegeben.	Es werden eher Erfahrungen beschrieben, die Kindern ermöglicht werden sollten.	Nicht eindeutig zuzuordnen. Es werden hauptsächlich Bespiele angegeben.
Baden-Württemberg		x	
Bayern	x		
Berlin	x		
Brandenburg			x
Bremen		x	
Hamburg	x		
Hessen	x		
Mecklenburg-Vorpommern	x		
Niedersachsen		x	
Nordrhein-Westfalen		x	
Rheinland-Pfalz		x	
Saarland	x		
Sachsen			x
Sachsen-Anhalt		x	
Schleswig-Holstein		x	
Thüringen	x		

Die Heterogenität der Inhalte spiegelt sich auch in der großen Spannweite des Umfangs sowie in den unterschiedlichen Bezeichnungen des Bereichs Natur in den Bildungsplänen wider. Die unterschiedlichen Bezeichnungen sind Tabelle 2.2: „Bezeichnung des Bildungsbereichs Natur in den Bildungsplänen" zu entnehmen. Der Unterschied liegt vor allem darin, ob sich der Begriff „Wissenschaft" in der Bezeichnung wiederfindet oder ob eine Beschränkung auf den Begriff „Natur" vorgenommen wurde.

[1] Eine Verlinkung aller Bildungspläne findet sich auf https://www.bildungsserver.de/bildungsplaene-fuer-kitas-2027-de.html.

Tabelle 2.2 Bezeichnung des Bildungsbereichs Natur in den Bildungsplänen

Bundesland	Bezeichnung
Baden-Württemberg	Bildungs-Entwicklungsfeld Denken
Bayern, Rheinland-Pfalz	Naturwissenschaften und Technik
Berlin, Bremen, Hamburg	Natur, Umwelt, Technik
Brandenburg	Naturwissenschaft
Hessen	Lernende, forschende und entdeckungsfreudige Kinder: Naturwissenschaften
Mecklenburg-Vorpommern	Welterkundung sowie technische und naturwissenschaftliche Grunderfahrung
Niedersachsen	Natur und Lebenswelt
Nordrhein-Westfalen	Naturwissenschaften und technische Bildung
Saarland	Naturwissenschaftliche und technische Grunderfahrungen
Sachsen, Thüringen	Naturwissenschaftliche Bildung
Sachsen-Anhalt	Natur
Schleswig-Holstein	Mathematik, Naturwissenschaft und Technik. Oder: Die Welt und ihre Regeln erforschen.

Anders als die schulischen Bildungspläne haben die Bildungspläne für den frühpädagogischen Bereich keinen verbindlichen, sondern einen orientierenden Charakter.

Hinsichtlich der Berücksichtigung der Vielzahl übergeordneter Konzepte lässt sich feststellen, dass sich die aktuelle Situation von den Entwicklungen im Primarbereich in den 80er- bis 2000er-Jahren unterscheidet. Damals nahmen die Anteile der Fächer Physik, Chemie und Technik im Sachunterricht stetig ab (Strunck et al., 1998). In den aktuellen Bildungsplänen für den frühpädagogischen Bereich finden hingegen sowohl Konzepte aus dem Bereich der belebten als auch aus dem Bereich der unbelebten Natur Berücksichtigung.

Die Evaluationsergebnisse für den aktuellen Orientierungsplan für Baden-Württemberg (2016) weisen darauf hin, dass Unsicherheiten seitens der pädagogischen Fachkräfte hinsichtlich der Umsetzung des Bildungsbereichs Natur bestehen und dass der Wunsch nach konkreten Zielvorgaben besteht. Dies zeigt sich dadurch, dass der Aussage „Ich fände es gut, wenn es zu den drei Begriffen ‚Natur, Nachhaltigkeit und Umwelt' Zielaussagen gibt. Wie soll das in der pädagogischen Arbeit aussehen?" von der Mehrheit der Befragten zugestimmt wird.

Der Mittelwert liegt bei 4,13 auf einer Likert-Skala von 1 = „stimme gar nicht zu“ bis 5 = „stimme voll zu“ (Weltzien et al., 2021, S. 43).

Die konkreten Anforderungen, die bezüglich der Umsetzung des Bildungsbereichs Natur an pädagogische Fachkräfte gestellt werden, sowie Konzepte zur Umsetzung des Bildungsbereichs werden im folgenden Kapitel erläutert.

Die Rolle der pädagogischen Fachkräfte im Kontext früher naturwissenschaftlicher Bildung

3

3.1 Anforderungen an die Fachkräfte

Obwohl inzwischen Konsens darüber besteht, dass der frühen naturwissenschaftlichen Bildung eine wichtige Rolle in der frühen Kindheit zukommt, ist dies in der Praxis in vielen Kindertageseinrichtungen noch nicht zu beobachten, da viele pädagogische Fachkräfte, begründet durch ihre eigene Bildungsbiografie, Vorbehalte gegenüber Naturwissenschaften haben (Gheith & Al-Shawareb, 2016).

Maier et al. (2013) stellen in einer Studie zu den Vorstellungen pädagogischer Fachkräfte über naturwissenschaftliche Bildung heraus, dass sich pädagogische Fachkräfte im Vergleich zu den anderen Bildungsbereichen sehr wenig mit dem Bildungsbereich Natur beschäftigen und sich auch weniger in Funktionsräumen zur naturwissenschaftlichen Bildung aufhalten als in anderen Räumen.

Eine über einen Zeitraum von zehn Jahren durchgeführte, nicht repräsentative Befragung Studierender der Kindheitspädagogik im zweiten Semester an der Pädagogischen Hochschule Karlsruhe ergibt, dass 75 Prozent der Befragten mit den Schulfächern Physik und Chemie überwiegend negative Assoziationen verbinden. Auf einer Skala von −5 bis + 5 schätzen 75 Prozent der Studierenden ihre Assoziationen in Bezug auf die Schulfächer Physik und Chemie bei −3 bis −5 ein. Der Bereich Biologie wird hingegen von über 80 Prozent der Befragten positiv eingeschätzt.

Aufgrund der zum Teil negativen Assoziationen pädagogischer Fachkräfte gegenüber der Physik oder Chemie liegt der Fokus naturwissenschaftlicher Angebote häufig auf der belebten Natur oder es werden naturwissenschaftliche Angebote aus dem Bereich der unbelebten Natur, die mit Zaubertricks vergleichbar sind, zur Unterhaltung der Kinder eingesetzt. Dabei lassen die zugrundeliegenden naturwissenschaftlichen Phänomene häufig den Bezug zur

L.-M. Kraska, *Naturwissenschaftliche Bildung in Kindertageseinrichtungen*,
https://doi.org/10.1007/978-3-658-51059-6_3

Lebenswelt der Kinder vermissen, und die Zusammenhänge sind eher aus dem schulischen Kontext vorgelagerte Inhalte.

In der Forschungsliteratur zu den Auswirkungen frühkindlicher Bildung deuten aussagekräftige Befunde darauf hin, dass emotional unterstützende und kognitiv anregende Interaktionen als zentrale Qualitätsmerkmale für eine positive Entwicklung herausgestellt werden können (Mashburn et al., 2008). Nach Siraj-Blatchford et al. (2002) zeichnen sich Interaktionen von hoher Qualität insbesondere durch vom Kind initiierte und sich wechselseitig erweiternde Episoden geteilter Aufmerksamkeit und kommunikativer Handlungen aus. Auch Studhalter et al. (2021) stellen in einer Untersuchung mit 32 teilnehmenden Kindertageseinrichtungen die tragende Bedeutung der Fachkraft-Kind-Kommunikation für die Lernergebnisse der teilnehmenden Kinder heraus. Die Befunde weisen darauf hin, dass kognitiv anregende Interaktionen im Rahmen der frühen naturwissenschaftlichen Bildung sich vor allem dadurch auszeichnen, dass sie die kindlichen Vorstellungen von Phänomenen thematisieren und das Vorwissen der Kinder aktivieren.

Darüber hinaus kommt den Bereichen Beobachtung und Dokumentation im Kontext der frühen Bildung eine zentrale Rolle zu. Insbesondere geht es darum, individuelle Besonderheiten zu erkennen, zu unterstützen, zu stärken und zu fördern (Roux et al., 2008) und auch Lernsituationen als solche zu identifizieren. Ein professionelles Agieren in informellen Lernsituationen erfordert von den Fachkräften, dass sie das Potenzial einer Situation für naturwissenschaftliches Lernen erkennen und es spontan nutzen und weiterführen können (Gasteiger & Benz, 2016 Übertragen aus dem Bereich der frühen mathematischen Bildung). Das Erkennen des Potenzials einer Lernsituation und die Nutzung dieses Potenzials setzt ein gewisses Überblickswissen über die übergeordneten Konzepte des Bildungsbereichs voraus, um die zugrundeliegende Fragestellung zu erkennen und einzuordnen und die Bereitschaft, sich gemeinsam mit Kindern mit dieser Fragestellung auseinanderzusetzen. Das Erkennen einer geeigneten Alltagssituation kann möglicherweise schwierig sein, da die eigenen schulischen Erfahrungen in der Regel wenig auf die Entwicklung von alltagsnahem naturwissenschaftlichen Wissen ausgerichtet waren (Steffensky, 2017).

3.2 Bildungsvorstellungen und Handlungskonzepte pädagogischer Fachkräfte

Bildungsvorstellungen und Handlungskonzepte bieten pädagogischen Fachkräften Orientierung in ihrem alltäglichen pädagogischen Handeln. Sie sind im Kompetenzmodell als Teilbereich der pädagogischen Orientierungen abgebildet (siehe Abschn. 4.2.2 Kompetenzmodelle im frühpädagogischen Kontext.) Neben den Bildungsvorstellungen umfassen die pädagogischen Orientierungen in Anlehnung an (Tietze, 1998) auch allgemeine Ziele und Werte und die Einstellungen zu den verschiedenen Bildungsbereichen.

Im frühpädagogischen Bereich ist zwischen den klassischen Bildungsansätzen, die meist eng mit dem Namen ihrer Urheberinnen und Urheber verbunden sind, wie Steiner, Fröbel und Montessori und den neueren frühpädagogischen Ansätzen zu unterscheiden (Grell, 2018). Die Bildungsreformen der 1970er- und 2000er-Jahre führten zu einer Entwicklung neuerer Ansätze wie beispielsweise dem Situationsansatz und der Reggio-Pädagogik. Eine weiterführende Diskussion zur Ordnung frühpädagogischer Konzepte findet sich in (Schmidt et al., 2021).

Seit den 1990er Jahren existieren für den frühpädagogischen Bereich Handlungskonzepte, die den Fokus auf kindliche Bildungsprozesse und das damit verbundene Aufgaben- und Rollenverständnis der pädagogischen Fachkräfte legen (Schmidt & Smidt, 2021). Handlungskonzepte werden von Drieschner und Gaus (2017) im Überschneidungsbereich zwischen wissenschaftlichen Theorien und einem professionell ausgerichteten Handlungssystem verortet. Sie sind normativ ausgerichtet und wegweisend zur Beantwortung der „Wie-, Was- und Warum-Fragen" der pädagogischen Fachkräfte im Kita-Alltag (Schmidt et al., 2021). Neben dem Begriff der „Handlungskonzepte" (Schmidt & Smidt, 2021) findet in fachlichen Diskursen auch der Begriff „Bildungskonzepte" (Staege & Vomhof, 2020) Verwendung.

Die aktuelle Diskussion zu pädagogischen Ansätzen im frühpädagogischen Bereich bewegt sich zwischen den beiden Polen Selbst- und Fremdbestimmung, also zwischen Aneignung und Vermittlung. Die unterschiedlichen Ansätze unterscheiden sich vor allem darin, inwieweit die beiden Komponenten Selbst- und Fremdbestimmung Berücksichtigung finden. Im frühpädagogischen Bereich sind insbesondere die pädagogischen Ansätze der Selbstbildung, Ko-Konstruktion und Instruktion dominant. Fthenakis entwickelte unter dem Begriff des Ko-Konstruktions-Ansatzes eine sozialkonstruktivistische Perspektive auf pädagogische Interaktionsprozesse (Drieschner, 2018), die in Abgrenzung zum Selbstbildungsansatz einen Fokus auf die Interaktion zwischen Fachkraft und Kind bei der

Konstruktion von Sinn und Bedeutung im Bildungsgeschehen legt. Im sogenannten „Selbstbildungsansatz" (Schäfer, 2005) steht das Kind mit seinen Potentialen im Fokus, das sich in der Auseinandersetzung mit seiner Umgebung selbst bildet.

Beiden Ansätzen ist das Bild eines aktiven, kompetenten Kindes gemein. Der wesentliche Unterschied liegt in der Rolle, die der pädagogischen Fachkraft bei der Unterstützung der kindlichen Bildungsprozesse zukommt: Zum einen als mitgestaltende Person in ko-konstruktiven Bildungsprozessen, die Bildungsprozesse unter Berücksichtigung der Ideen und Interessen der Kinder steuert. Um die Kinder dabei zu unterstützen, bildungsbereichsspezifische Bildungsziele zu erreichen, wird „Sustained Shared Thinking" als bedeutender Faktor herausgestellt (Fthenakis et al., 2012 // 2009). Zum anderen als begleitende Person, die das selbstständige Denken und Handeln des Kindes weitestgehend herausfordert und hierfür Formen der Wahrnehmung und Beobachtung einsetzt und die didaktischen Möglichkeiten ausbaut, um dem Kind Spielräume für eigenständiges Lernen und Forschen zu eröffnen.

Dabei wird das Kind als „Kann-Kind" und nicht als „Soll-Kind", also als Kind, das bestimmte Kompetenzen erwerben soll, verstanden (Schäfer, 2005).

Im aktuellen didaktischen Diskurs werden die Begriffe der Selbstbildung und Ko-Konstruktion zunehmend nicht mehr als Gegensatz verstanden, sondern es wird die Schnittmenge beider Ansätze betont (Schelle, 2011; Tournier, 2016). Ähnlich verhält es sich mit den Begriffen „Instruktion" und „Konstruktion" (Reinmann & Mandl, 2006; A. König, 2009; Tournier, 2016).

Neben der dichotomen Unterscheidung zwischen den pädagogischen Ansätzen der Selbstbildung und der Ko-Konstruktion, wird im frühpädagogischen Kontext häufig eine weitere Klassifizierung vorgenommen, indem zwischen fachkraftorientierten und kindzentrierten didaktischen Ansätzen unterschieden wird (Stipek, 1991). Diese Klassifizierung wird erweitert, indem bei der Rolle des Kindes zwischen hoher – und geringer Initiative und ebenso bei der Rolle der Fachkraft zwischen hoher – und geringer Initiative differenziert wird (Stipek, 1991; Siraj-Blatchford et al., 2002). Dadurch entsteht ein Muster, dass zwischen vier Ansätzen unterscheidet: dem programmatischen Ansatz, dem kindzentrierten Ansatz, dem Open-Framework-Ansatz und dem Obhutsansatz (Anders et al., 2018).

Während der programmatische Ansatz sich dadurch auszeichnet, dass eine hohe Initiative aufseiten der Fachkraft und eine eher geringe Initiative aufseiten des Kindes vorhanden ist, betont der kindzentrierte Ansatz die Eigeninitiative des Kindes und die Fachkraft hält sich eher im Hintergrund.

Im Open-Framework-Ansatz zeigt sich eine hohe Initiative aufseiten der Fachkraft und eine hohe Initiative aufseiten des Kindes. Der Obhutsansatz ist streng genommen nicht als pädagogischer Ansatz zu bezeichnen, da hier lediglich eine Betreuung des Kindes erfolgt, ohne das ein pädagogischen Konzept vertreten wird (Anders et al., 2018).

Zu den Bildungsvorstellungen pädagogischer Fachkräfte liegen vereinzelte empirische Studien vor. Die Untersuchungen wurden mit unterschiedlichen Methoden durchgeführt: Zum einen wurden durch Befragungen pädagogischer Fachkräfte erhoben, welche Bildungsvorstellungen als dominant herausgestellt werden können und zum anderen wurden Bildungsvorstellungen auf der Grundlage von Beobachtungen oder Beschreibungen identifiziert. Teilweise wurden die Untersuchungen mit sehr kleinen Stichprobengrößen durchgeführt.

Die subjektiven Auffassungen pädagogischer Fachkräfte über Lehr-Lern-Prozesse wurden von Rank (2020) mithilfe von Fragebögen und Struktur-Lege-Verfahren erfasst. In dieser Studie und in der Replikationsstudie von 2016 konnte herausgestellt werden, dass Fachkräfte über eine hohe Zustimmung von der Kita als Lernort und über ein konstruktivistisches Lernkonzept verfügen.

Auch Mischo et al. (2012) kommen in der Studie über pädagogische Orientierungen angehender frühpädagogischer Fachkräfte an Fachschulen und Hochschulen zu dem Ergebnis, dass der größte Teil der teilnehmenden Fachkräfte eine ko-konstruktivistische Auffassung in Bezug auf das Lernen vertritt. Eine instruktivistische Einstellung zum Lernen wird nur in geringem Ausmaß und eher von den teilnehmenden Fachschülerinnen und Fachschülern als von den Studierenden an den Hochschulen vertreten.

Die qualitative Untersuchung von von Bülow (2011) hat die Erfassung der subjektiven Bildungstheorien pädagogischer Fachkräfte im Kontext der Anschlussfähigkeit von Kindertageseinrichtung und Grundschule zum Gegenstand. Die Befunde weisen darauf hin, dass die Vorstellungen der befragten Fachkräfte zum Bildungsprozess sowohl Aspekte von Vermittlung als auch von Eigentätigkeit des Kindes zeigen.

Mackowiak et al. (2022) analysierten ebenfalls das Bildungsverständnis pädagogischer Fachkräfte in Kitas. Hierzu werteten sie 208 Vignetteninterviews mit pädagogischen Fachkräften aus. Den Fachkräften wurden Filmsequenzen gezeigt und sie wurden im Anschluss daran gebeten, Fragen zur Analyse und Gestaltung der gezeigten Spielsituationen zu beantworten. Die Antworten wurden im Hinblick auf die Häufigkeit und Prägnanz der Bildungskonzepte Selbstbildung, Ko-Konstruktion und Instruktion analysiert. Die Befunde weisen darauf hin, dass der überwiegende Teil der teilnehmenden Fachkräfte über ein Bildungsverständnis verfügt, das zumindest ansatzweise konstruktivistisch geprägt ist. Dabei liegt der Schwerpunkt auf dem Ansatz der Selbstbildung, Hinweise auf ein ko-konstruktivistisches Bildungsverständnis konnte in dieser Studie nicht herausgestellt werden.

Schmidt und Smidt (2021) erhoben die pädagogischen Orientierungen von 653 Kindheitspädagoginnen und Kindheitspädagogen sowie von Erzieherinnen und Erziehern mittels eines Online-Fragebogens. Auch in dieser Studie konnte eine Präferenz konstruktivistischer Bildungsvorstellungen herausgestellt werden. Instruktive Orientierungen erfuhren demgegenüber deutlich weniger Zustimmung.

Die explorative Studie von Brandl (2016) untersucht ebenfalls die subjektiven Theorien zu kindlichem Lernen und pädagogischem Handeln. Die Untersuchungsgruppe setzt sich aus Studierenden der Kindheitspädagogik zusammen. In dieser Studie werden die Daten typisierend ausgewertet und es wird zwischen drei unterschiedlichen Typen im Hinblick auf die Vorstellungen der pädagogischen Fachkräfte differenziert: 1. Die Macherin/der Macher, die/der Lerninhalte vorgibt und auf das Lernen einwirkt, 2. die Diskursive/der Diskursive, die/der gleichberechtigt mit dem Kind Lerninhalte aushandelt und 3. die Ermöglicherin/der Ermöglicher, die/der das Kind im Erreichen der Lernziele unterstützt. Als Ergebnis wird herausgestellt, dass sechs von elf Personen dem Typ des Ermöglichers zugeordnet werden, fünf Personen dem Typ des Machers, und drei Probanden dem Typ des Diskursiven. Damit weisen auch die Befunde dieser Studie darauf hin, dass die konstruktivistischen Bildungsvorstellungen innerhalb der Gruppe der Teilnehmenden überwiegen. Der Fokus dieser Studie liegt auf dem Erfassen der subjektiven Theorien über pädagogisches Handeln, das situative Handeln wird dabei nicht berücksichtigt.

Eine der wenigen Studien, die die Sicht pädagogischer Fachkräfte auf Bildungsprozesse im Kontext mathematischer und naturwissenschaftlicher Bildung in den Blick nimmt, ist die qualitative Untersuchung von Mey et al. (2012). Durch eine Methodentriangulation aus Interviews und Beobachtungen wurde in dieser Studie eine Diskrepanz zwischen den in Interviews geäußerten Bildungsvorstellungen und den aus Beobachtungen erschlossenen Handlungsorientierungen festgestellt. Auch die quantitativ ausgerichtete Studie SNaKE (N. Kuhn et al., 2012) nimmt Vorstellungen pädagogischer Fachkräfte zu Bildungsprozessen im Bereich Naturwissenschaften in den Blick. Hier konnte herausgestellt werden, dass fast alle teilnehmenden Fachkräfte über konstruktivistisch-orientierte Vorstellungen, die die Bedeutung eigener Deutungen und Erklärungen der Kinder betonen, verfügen. Daneben wird von einem Drittel der Befragten eine instruktivistische Vorgehensweisen als wichtig eingestuft.

Der überwiegende Teil der dargelegten Studien ist als nicht repräsentativ einzuschätzen. In ihrer Gesamtheit scheinen die dargelegten Befunde darauf hinzuweisen, dass die Mehrheit der pädagogischen Fachkräfte über eine eher konstruktivistisch geprägte Vorstellung über das kindliche Lernen verfügt.

International orientiert sich die Forschung in erster Linie am Konstrukt der „Beliefs". Auch aktuelle internationale Ergebnisse aus der Belief-Forschung zeigen, dass frühpädagogische Fachkräfte den Kindergarten als ganzheitlich wahrnehmen und eine direkte, gezielte Förderung oder Instruktion, auch in den schulnahen Bereichen und insbesondere in Programmen, ablehnen (Rank, 2020).

3.3 Partizipation der Kinder

In frühkindlichen Fachdiskursen lassen sich im Hinblick auf Partizipation zwei Linien unterscheiden: zum einen das Bildungsverständnis in der frühen Bildung und zum anderen politische Debatten um die Rechts- und Subjektstellung von Kindern. Wesentlicher Bezugspunkt des zweiten Aspekts ist die UN-Kinderrechtskonvention, welche Kinder als Träger eigener Rechte anerkennt.

Das aktuelle Bildungsverständnis in der Frühpädagogik ist geprägt von einem Bild vom Kind, das „ein kompetenter Akteur ist, der durchaus selbsttätig Bildungsprozesse mitsteuert, dabei aber der Unterstützung durch kompetente Erwachsene bedarf" (Balluseck, o. J.). Zentrale Begriffe in aktuellen frühpädagogischen Diskursen wie „Selbstbildung" oder „Ko-Konstruktion", die auch die Bildungspläne der Bundesländer für den frühpädagogischen Bereich prägen, betonen die eigene Konstruktionsleistung von Kindern. Dahinter steht die Annahme, dass Kinder in unserer pluralen Gesellschaft in besonderer Weise gefordert sind, an ihren eigenen Bildungsprozessen mitzuwirken (Bruner et al., 2001). In diesem Zusammenhang werden die Aspekte Selbstbestimmung und selbsttätige Aneignung als Bildungs- und Entwicklungsressourcen diskutiert (Kluge, 2013).

In der vorliegenden Arbeit wird die Definition von Prengel (2016) zugrunde gelegt, wonach mit Partizipation die Möglichkeit der Kinder bezeichnet wird, in ihren Lebens- und Lernzusammenhängen Einfluss zu nehmen. Inwieweit die Mitbestimmung der Kinder dieser Definition folgend im Kita-Alltag in Kindertageseinrichtungen umgesetzt wird, ist bisher insgesamt wenig untersucht. Dobrick (2011) stellt in ihrem Beitrag „Demokratie in Kinderschuhen" heraus, dass Partizipation in den meisten Kita-Konzeptionen nicht explizit erwähnt wird. Sie folgert hieraus, dass die meisten Beteiligungsaktivitäten im Kita-Alltag durch die pädagogischen Fachkräfte als wenig spektakulär eingeschätzt werden. Es ist jedoch davon auszugehen, dass auch ohne die explizite Benennung des Begriffs „Partizipation" durch das in den Konzeptionen beschriebene „Bild vom Kind" den Partizipationsbegriff indirekt miteinschließt.

Eine der wenigen Studien, die die pädagogische Arbeit der Fachkräfte in den Blick nimmt und im Hinblick auf die Ermöglichung von Kinderbeteiligung analysiert, ist die bundesweite BIKA-Studie, die von der Fachhochschule Potsdam in Kooperation mit dem PädQUIS-Institut durchgeführt wurde. Der Schwerpunkt der Untersuchung liegt im Krippenbereich. Folgende zentrale Ergebnisse konnten in dieser Untersuchung u. a. herausgestellt werden (Hildebrandt et al., 2021):

- Weniger strukturierte Situationen bieten Kindern mehr Partizipationsmöglichkeiten und Selbstwirksamkeitsgelegenheiten als stärker strukturierte Situationen.
- Der Fachkraft-Kind-Schlüssel steht in keinem Zusammenhang mit realisierten Partizipationsgelegenheiten sowie dem partizipationshemmenden Verhalten der Fachkräfte, jedoch mit der sprachlichen Interaktionsqualität.
- Die Kinder erleben die Fachkräfte in der Mehrheit der Kitas als zugewandt. Dabei wird unter „Zugewandtheit“ eine Begegnung auf Augenhöhe, eine dem Kind zugewandte Körperhaltung sowie eine überwiegende Konzentration auf pädagogische Tätigkeiten verstanden.

Nentwig-Gesemann et al. (2021) nehmen „Partizipation“ als einen Aspekt von Qualität in Kindertageseinrichtungen in den Blick. Sie untersuchen in ihrer Studie „Kinder als Akteure in Qualitätsentwicklung und Forschung“ Qualität aus Kindersicht. Dabei wird zwischen unterschiedlichen Qualitätsdimensionen differenziert, unter anderem die Dimension „sich beteiligen, mitreden und (mit-) entscheiden“. Als einen zentralen Befund dieser Qualitätsdimension stellen die Autorinnen und Autoren heraus, dass Kinder gefragt werden wollen und mit ihren Themen, Relevanzen, Meinungen, Wünschen und Vorschlägen ernst genommen werden möchten. Darüber hinaus schätzen Kinder Erwachsene, die sich Zeit für sie nehmen, ihnen in echten Dialogen wirklich zuhören und sich für sie und ihre Ideen und Gedanken interessieren (Nentwig-Gesemann et al., 2021).

Als ein Ergebnis des schleswig-holsteinischen Modellprojekts „Die Kinderstube der Demokratie“ (Hansen et al., 2006), das durch die Befunde des Forschungsprojekts „Partizipation ein Kinderspiel“ untermauert wird, wird herausgestellt, dass der Beteiligung von Kindern in Kindertageseinrichtungen nichts entgegensteht und sie in den Köpfen der Erwachsenen beginnt (Bruner et al., 2001).

Für den Bereich Natur lassen sich – wie auch für die anderen Bildungsbereiche – frühpädagogische Ansätze finden, in denen Partizipation in die „subjektiven, spielerischen und fachlichen Zugänge zu Bildung“ eingebettet ist (Prengel 2016, S. 44).

Im baden-württembergischen Orientierungsplan zeigt sich der Partizipationsgedanke vor allem in den Kapiteln „Das Kind im Mittelpunkt von Bildung und Erziehung“ sowie „Aufgabe und Rolle der pädagogischen Fachkraft“. Hier heißt es „...ausgehend von den beobachteten und reflektierten Eigenaktivitäten des Kindes und den sozialen Interaktionen in der Gruppe greifen sie die Interessen und Themen der Kinder auf...“ (Baden-Württemberg, 2016). Im Bereich „Denken“, zu dem auch der Bereich „Natur“ gehört, wird der Partizipationsgedanke vor allem in den Fragen, die als Denkanstöße fungieren sollen und den Inhalten und Zielen nachgestellt sind, aufgegriffen. Zum Beispiel: „Wodurch werden Aha-Erlebnisse der Kinder bemerkt und wie werden sie wertgeschätzt?“ Oder „Wie werden Kinder zum Mitdenken ermutigt und ermuntert?“ (Baden-Württemberg, 2016).

Nachdem in diesem Kapitel die Anforderungen an pädagogischen Fachkräfte im Kontext der frühen naturwissenschaftlichen Bildung beleuchtet wurden, die gängigen frühpädagogischen Bildungskonzepte sowie Forschungsbefunde zu Bildungsvorstellungen dargelegt und die fachlichen Diskurse zur Partizipation von Kindern nachgezeichnet wurden, wird im folgenden Kapitel der Aspekt der Professionalisierung frühpädagogischer Fachkräfte in den Blick genommen.

Professionalisierung in der Frühpädagogik 4

4.1 Kompetenz – theoretische Grundlagen

Für den schulischen Kontext galt lange Zeit, dass ein erheblicher Mangel an empirischer Evidenz hinsichtlich der Bedeutung professioneller Kompetenzen für die Qualität von Unterricht sowie für den Lernfortschritt und die Persönlichkeitsentwicklung von Schülerinnen und Schülern herrschte (Baumert & Kunter, 2006). Gleiches galt für den frühpädagogischen Bereich. Um diesem Desiderat entgegenzuwirken, startete das Bundesministerium für Bildung und Forschung (BMBF) im Jahr 2009 ein umfangreiches Programm zur Förderung der empirischen Bildungsforschung mit dem Titel „Entwicklung von Professionalität des pädagogischen Personals in Bildungseinrichtungen" (Gräsel & Trempler, 2017). Von den insgesamt 21 Projekten sind 20 im schulischen Kontext angesiedelt; nur das Projekt „Ausbildung und Verlauf von Erzieherinnen-Merkmalen (AVE)" (Mischo, 2017) bezieht sich ausdrücklich auf den frühpädagogischen Bereich. Die Schwerpunkte der geförderten empirischen Forschungsvorhaben bilden die folgenden Aspekte:

- Modellierung, Beschreibung und Analyse professioneller Kompetenzen im Hinblick auf Qualität und Effektivität von Unterricht.
- Forschung zur Entwicklung von Professionalität in der Ausbildung und der Berufsausübung.
- Wirkungsforschung zu Maßnahmen und Instrumenten der Fort- und Weiterbildung des pädagogischen Personals.
- Medienbasierte Forschung zur Professionalisierung pädagogischen Personals.

L.-M. Kraska, *Naturwissenschaftliche Bildung in Kindertageseinrichtungen*, https://doi.org/10.1007/978-3-658-51059-6_4

Des Weiteren wurden speziell für den naturwissenschaftlichen und mathematischen Bereich größer angelegte Untersuchungen zur professionellen Handlungskompetenz von Lehrkräften umgesetzt. Da für den frühpädagogischen Bereich nur sehr wenige Befunde zur professionellen Handlungskompetenz im Kontext früher naturwissenschaftlicher Bildung vorliegen, wird im folgenden Abschnitt auf das Forschungsdesign und die wesentlichen Ergebnisse der Untersuchungen im schulischen Kontext Bezug genommen. Die Befunde werden im Kapitel Diskussion der Ergebnisse und Einordnung in den Forschungsstand zur Interpretation der eigenen Ergebnisse herangezogen.

Ebenso wie für den schulischen Bereich wurde auch für den frühpädagogischen Bereich ein allgemeines Kompetenzmodell entwickelt. Jedoch liegen nur sehr wenige Studien vor, die professionelle Kompetenz mit pädagogischer Prozessqualität in Verbindung setzen. Auch die 2012 veröffentliche NUBBEK-Studie, die größte nationale Untersuchung zur Bildung, Betreuung und Erziehung in der frühen Kindheit, erhebt zwar verschiedene Qualitätsdimensionen, wie die Struktur-, Orientierungs- und pädagogische Prozessqualität, stellt jedoch keinen Zusammenhang zur professionellen Kompetenz der Fachkräfte her (Tietze et al., 2013).

Bevor die bereits existierenden Kompetenzmodelle sowohl für den schulischen als auch für den frühpädagogischen Bereich in den Blick genommen werden, wird zunächst der Kompetenzbegriff im Allgemeinen definiert.

Der Begriff wurde bereits 1971 von Heinrich Roth in die Erziehungswissenschaft eingeführt. Nach Roth ist das zentrale Ziel von Erziehung „Mündigkeit als Kompetenz für verantwortliche Handlungsfähigkeit“ (Roth, 1971, S. 180). Roth differenziert zwischen Selbstkompetenz, Sachkompetenz und Sozialkompetenz. Geprägt wurde der Begriff durch Klafkis Kompetenzmodell der kritisch-konstruktiven Didaktik. Gemeint ist in diesem Kontext die Fähigkeit und Fertigkeit, in den genannten Gebieten Probleme zu lösen, sowie die Bereitschaft, dies auch zu tun (Müller-Ruckwitt, 2008).

Die Popularität des Begriffs ist unter anderem auf Chomsky (2006) und seine Theorie der Sprachkompetenz zurückzuführen.

Vor allem seit der Veröffentlichung der ersten PISA-Ergebnisse im Jahr 2001 gewann der Kompetenzbegriff in der Bildungswissenschaft und -politik zunehmend an Bedeutung und wird in vielen verschiedenen Disziplinen sowohl auf nationaler als auch auf internationaler Ebene in vielfältiger Weise verwendet und diskutiert. Die in Deutschland meistzitierte Kompetenzdefinition, auf die vor allem bei der Formulierung und Entwicklung von Bildungsstandards und Kompetenzmodellen Bezug genommen wird, stammt von Franz E. Weinert (2001):

> „Dabei versteht man unter Kompetenzen die bei Individuen verfügbaren oder durch sie erlernbaren kognitiven Fähigkeiten und Fertigkeiten, um bestimmte Probleme zu lösen, sowie die damit verbundenen motivationalen, volitionalen und sozialen Bereitschaften und Fähigkeiten, um die die Problemlösungen in variablen Situationen erfolgreich und verantwortungsvoll nutzen zu können" (Weinert, 2014, S. 27).

Aus dieser allgemeinen Kompetenzdefinition von Weinert wurde ein Verständnis beruflicher Handlungskompetenz abgeleitet, die „alle Fähigkeiten, Fertigkeiten, Denkmethoden und Wissensbestände des Menschen, die ihn bei der Bewältigung konkreter sowohl vertrauter als auch neuartiger Arbeitsaufgaben selbst organisiert, aufgabengemäß, zielgerichtet, situationsbedingt und verantwortungsbewusst oft in Kooperation mit anderen handlungs- und reaktionsfähig machen und sich in der erfolgreichen Bewältigung konkreter Arbeitsanforderungen zeigen" umfasst (Kauffeld & Grote 2002 zitiert nach Anders, 2012, S. 9).

Die Kompetenzdefinition nach Weinert entwickelte sich in Deutschland zum Referenzzitat und wurde auch der Expertise „Zur Entwicklung nationaler Bildungsstandards" (Klieme et al., 2003) zugrunde gelegt. Zur Operationalisierung der unterschiedlichen Aspekte von Kompetenz wurde ein Stufenmodell entwickelt, das darauf abzielt, unterschiedliche Aufgabenbereiche bestimmten Niveaustufen zuzuordnen und damit Aufschluss über Kompetenzbestände zu geben (Klieme et al., 2003). Mit der Fokussierung auf Kompetenzmodelle und -diagnostik in Bildungswissenschaft und -politik ging eine steigende Anzahl internationaler und nationaler Large-Scale-Studien zur Messung von Schülerinnen- und Schülerleistungen wie PISA, IGLU, DESI etc. einher. Diese Studien zielen darauf ab, Schlüsselkompetenzen zu bestimmen, indem Lernergebnisse und fachbezogene Kompetenzen anhand von Kompetenzstufen beschrieben werden (Edelmann & Tippelt, 2004).

Die Messung von Schülerinnen- und Schülerkompetenzen ist seit den 2000er-Jahren bis heute zu einem äußerst prominenten Untersuchungsgegenstand der empirischen Bildungsforschung avanciert. Empirische Untersuchungen zu den Kompetenzen von Lehrkräften im Hinblick auf ihre Bedeutung für Schule und Unterricht wurden erst später in den Blick genommen und in weit weniger umfangreichem Ausmaß durchgeführt. Im frühpädagogischen Bereich äußerte sich diese Entwicklung in Form von Veröffentlichungen zur „Professionalisierung in der Frühpädagogik" (Blossfeld et al., 2012). Hier wird jedoch weniger das Handlungswissen des frühpädagogischen Fachpersonals in den Blick genommen, sondern eher die Bedeutung der Qualifikation und der Handlungsbedarf insgesamt thematisiert. Die professionelle Kompetenz pädagogischer Fachkräfte wird in der Expertise von Anders (2012) diskutiert. Welche Kompetenzen pädagogische Fachkräfte im Rahmen ihrer Ausbildung an Fachschulen oder während ihres kindheitspädagogischen Studiums an Hochschulen erwerben, wurde in der AVE-Untersuchung im Zeitraum von 2009 bis 2016 erhoben (Mischo, 2017). Diese Studie war die bundesweit erste und umfangreichste Längsschnittuntersuchung zu dieser Thematik. In dieser Studie wurde ebenfalls erhoben, in welcher Beziehung die professionellen Kompetenzen, wie Wissen und Einstellungen und das beobachtbare Handeln einer Fachkraft, im Kita-Alltag stehen.

4.2 Kompetenzmodelle

In diesem Abschnitt wird neben der Professionsforschung im frühpädagogischen Bereich auch die Professionsforschung im schulischen Kontext in den Blick genommen. Einerseits, weil die pädagogische Arbeit frühpädagogischer Fachkräfte im internationalen Kontext häufig ein Altersspektrum umfasst, das den Grundschulbereich mit einschließt (Anders, 2012), und andererseits, weil nur sehr wenige Befunde aus dem frühpädagogischen Kontext über die Bedeutung des Handlungswissens vorliegen. Allgemein kann zwischen Struktur-, Stufen-, Prozess- und Mischmodellen unterschieden werden (Keil & Pasternack, 2011). Weit verbreitet sind Strukturmodelle, in denen professionelle Handlungskompetenz in ihre Teildimensionen untergliedert wird und die zugrundeliegenden Fähigkeiten und Fertigkeiten beschrieben und in eine hierarchische Abfolge angeordnet werden. Kompetenzstrukturmodelle eignen sich zur Beschreibung eines Kompetenzkonstrukts vor allem, wenn davon auszugehen ist, dass verschiedene Teilkompetenzen bzw. verschiedene Dispositionen zusammenspielen, um die für dieses Konstrukt interessierenden situativen Anforderungen bewältigen zu können (Klieme et al., 2003). Dabei werden unter Dispositionen beispielsweise Wissen und Fähigkeiten, aber auch Motivation und Anstrengungsbereitschaft gefasst und unter Performanz in der Regel das erfolgreiche Agieren in der lebensweltlichen Anwendungssituation (Weinert, 2014).

Stufenmodelle werden häufig zur Beschreibung von Kompetenzen in spezifischen Domänen herangezogen. In der Frühpädagogik wird häufig der Ansatz der Prozessmodelle gewählt (Anders, 2012). Prozessmodelle orientieren sich am Prozess des professionellen Handelns und beschreiben Kompetenz aus einer ganzheitlicheren Sicht, bei der die Performanz mitgedacht wird (Gasteiger & Benz, 2016).

4.2.1 Kompetenzmodelle im schulischen Kontext

Die professionelle Handlungskompetenz von Lehrkräften ist spätestens seit der Formulierung von Standards und inhaltlichen Anforderungen in der Bildung von Lehrkräften durch die Kultusministerkonferenz im Jahr 2004 zum zentralen Thema in der Diskussion zur Wirksamkeit der Bildung von Lehrkräften geworden.

Shulman formulierte bereits 1986 das Professionswissen von Lehrpersonen als bestehend aus den Komponenten allgemeines pädagogisches Wissen („general pedagogical knowledge"), Fachwissen („subject-matter content knowledge"), fachdidaktisches Wissen („pedagogical content knowledge") und Wissen über das Fachcurriculum („curriculum knowledge"). Die Differenzierung der Kernkomponenten des professionellen Wissens von Lehrkräften in die Komponenten fachliches Wissen, fachdidaktisches Wissen und pädagogisches Wissen hat sich weitestgehend durchgesetzt.

Im Kontext der professionellen Kompetenz von Lehrpersonen sind vor allem zwei große Studien zu nennen, die sich der Kompetenzmessung angehender bzw. berufstätiger Lehrpersonen widmen. Zum einen ist dies die nationale Untersuchung „Professionswissen von Lehrkräften, kognitiv aktivierender Mathematikunterricht und die Entwicklung von mathematischer Kompetenz" (COACTIV), die als Ergänzungsstudie zu PISA 2003 als Längsschnittuntersuchung in einer kombinierten Befragung von Lehrpersonen und Schülerinnen und Schülern konzipiert wurde (Baumert & Kunter, 2006). Zum anderen ist dies die internationale Studie zur Ausbildung von Lehrkräften „Teacher Education and Development: Learning to Teach Mathematics" (TEDS-M) (Blömeke et al., 2010).

Beide Untersuchungen nehmen Bezug auf die Kompetenzdefinition nach Weinert. Die Kompetenz von Lehrkräften wird demnach als erworbene Disposition gesehen. Sie enthält mehrere Facetten, die sich gegenseitig beeinflussen (Weinert, 2014). In der theoretischen Rahmenlegung zu COACTIV wurde von Baumert und Kunter (Baumert & Kunter, 2011) unter anderem in Anlehnung an Shulmans Ausführungen zum professionellen Wissen, aber auch mit Bezug auf Weinerts Formulierungen zur professionellen Kompetenz und Kompetenzdiagnostik, ein generisches Modell der professionellen Kompetenz entwickelt.

Nach diesem Modell entsteht professionelles Handeln aus einem Zusammenspiel von folgenden Bereichen:

Aus **Professionswissen**, das sich wiederum aus den Bereichen Fachwissen, fachdidaktisches Wissen, pädagogisch-psychologisches Wissen, Organisations- und Beratungswissen zusammensetzt.

- Das Fachwissen umfasst dabei ein tiefes Verständnis der Schulmathematik.
- Das fachdidaktische Wissen umfasst dabei sowohl Erklärungswissen, das Wissen über das mathematische Denken der Kinder, als auch das Wissen über mathematische Aufgaben.
- Das pädagogisch-psychologische Wissen umfasst dabei das Wissen über Leistungsbeurteilung, über Lernprozesse sowie das Wissen über effektive Klassenführung.

Aus **Überzeugungen**, professionellen Werten, subjektiven Theorien und normativen Präferenzen und Zielen, sowie aus m**otivationalen Orientierungen** und **Fähigkeiten der professionellen Selbstregulation** (Baumert & Kunter, 2011).

Zu den einzelnen Komponenten, aus denen sich der Kompetenzbegriff zusammensetzt, liegen Forschungsarbeiten in sehr unterschiedlichem Umfang vor. Obwohl es als kritisch anzusehen ist, erfolgreiches Handeln von Lehrkräften im Unterricht anhand einzelner Kompetenzmerkmale vorhersagen zu wollen, beziehen sich die meisten Studien aufgrund der Komplexität der Konstrukte nur auf einzelne Kompetenzfacetten, die variablenorientiert untersucht werden. Die Befunde zu den einzelnen Kompetenzaspekten stehen demnach trotz komplexer Kompetenzmodelle häufig fast ohne Berührungspunkte nebeneinander (Blömeke et al., 2010). Zudem ist fraglich, ob sich die Unterrichtsqualität anhand einzelner Kompetenzmerkmale vorhersagen lässt. Baumert und Kunter (2006) stellen heraus, dass das komplexe Konstrukt der professionellen Kompetenz von Lehr- und Fachkräften nicht einfach zu fassen ist, da selbst das Vorhandensein bestimmter als geeignet erachteter Dispositionen nicht automatisch zu einer wünschenswerten Performanz führt, da es offensichtlich keine „technischen Transformationsregeln" gibt, nach denen das Bemühen der Fach- und Lehrkräfte zum Erfolg führt. Aufgrund der Komplexität und der nicht vorhandenen Planbarkeit der Situationen ist davon auszugehen, dass das pädagogische Handeln von Lehrpersonen im Unterricht und von Fachkräften im Kita-Alltag als nicht standardisierbar einzustufen ist (Baumert & Kunter, 2006). Blömeke et al. (2015) untersuchen für den Schulkontext die Situationsabhängigkeit der Performanz von Lehrkräften mit der Methode eines videobasierten Assessments im Rahmen der Studie TEDS-FU, einer Follow-up-Studie zur „Teacher Education and Development Study: Learning to Teach Mathematics" (TEDS-M). Es konnte herausgestellt werden, dass die Situationsabhängigkeit der Transformation von Kompetenz in Performanz im Bereich der Pädagogik in der berichteten Studie als höher einzuschätzen ist als im Bereich der Mathematikdidaktik. Als Erklärung führen Blömeke et al. (2015) die größere Variabilität von pädagogischen Anforderungen im Vergleich zu mathematikdidaktischen im Unterricht an. Insgesamt ist davon auszugehen, dass zwischen Disposition und Performanz ein weiterer Aspekt von Kompetenz dafür verantwortlich ist, inwieweit das Wissen und die Fähigkeiten in einer komplexen Situation zur Anwendung kommen (Gasteiger & Benz, 2016).

4.2.2 Kompetenzmodelle im frühpädagogischen Kontext

Vergleicht man die Anforderungen, die der Schulalltag an Lehrkräfte stellt, mit den Anforderungen, die der Kita- beziehungsweise Krippenalltag an pädagogische Fachkräfte stellt, so fällt auf, dass sich sowohl Gemeinsamkeiten, als auch Unterschiede feststellen lassen. Sowohl im Kita- beziehungsweise Krippenalltag als auch im Schulalltag sind Interaktionssituationen dadurch gekennzeichnet, dass sie sehr komplex sind und damit ein hohes Maß an Flexibilität von den Fachkräften verlangen. Während sich Handlungssituationen im Kita- beziehungsweise Krippenalltag dadurch auszeichnen, dass sie in besonderem Maße situationsoffen und kindzentriert sind, geht schulischen Handlungssituationen oft eine umfangreiche Unterrichtsplanung voraus. Diese Differenzen werden auch durch die Unterschiede zwischen den Bildungsplänen für die Grundschule und denen für den frühpädagogischen Bereich abgebildet. Während in den Bildungsplänen für den Grundschulbereich klare Bildungsziele formuliert werden, ist ein großer Teil der Bildungspläne für den frühpädagogischen Bereich hinsichtlich der Themen, Methoden und vorgegeben Bildungsziele sehr offen gehalten (vgl. Abschn. 2.4 Frühe naturwissenschaftliche Bildung in den Bildungsplänen der Länder). Des Weiteren steht der Arbeit mit einer relativ kleinen Gruppe von Kindern in der Kita häufig die Arbeit in einer großen Gruppe von Schülerinnen und Schülern gegenüber, was eine Gruppenorientierung erfordert. Nicht zuletzt wirken sich auch die Unterschiede in der räumlichen Gestaltung und zeitlichen Rhythmisierung in Schule und Kita auf die Anforderungen an die pädagogischen Fach- und Lehrkräfte aus.

Die Kompetenzmodelle, die für den schulischen Kontext entwickelt wurden, sind deswegen nur in Ansätzen auf den frühpädagogischen Bereich zu übertragen. Vor allem hinsichtlich der Gewichtung der einzelnen Komponenten ist es notwendig, eine Differenzierung zwischen dem frühpädagogischen und dem schulischen Bereich vorzunehmen.

Fröhlich-Gildhoff et al. (2011) haben für den frühpädagogischen Bereich ein Modell zur Beschreibung des Zusammenhangs zwischen professioneller Kompetenz und professionellem Handeln entwickelt, dass ein Mischmodell aus Struktur- und Prozessmodell darstellt. Als die übergeordnete Zielsetzung einer (früh-) pädagogischen Qualifizierung beschreiben Fröhlich-Gildhoff et al. (2011, S. 17) den Erwerb von Kompetenzen, „...die es der Fachkraft ermöglichen, ausgehend von (wissenschaftlich theoretischem) Wissen und reflektiertem Erfahrungswissen in diesen komplexen Situationen selbst organisiert, kreativ und reflexiv „Neues“ zu schaffen (bezogen auf Handeln und Denken), aktuellen Anforderungen zu begegnen und Probleme zu lösen“

In diesem Modell wird zwischen Handlungsgrundlagen (Disposition), Handlungsbereitschaft und Handlungsrealisierung bzw. Handlungsvollzug (Performanz) differenziert (vgl. Abbildung 4.1).

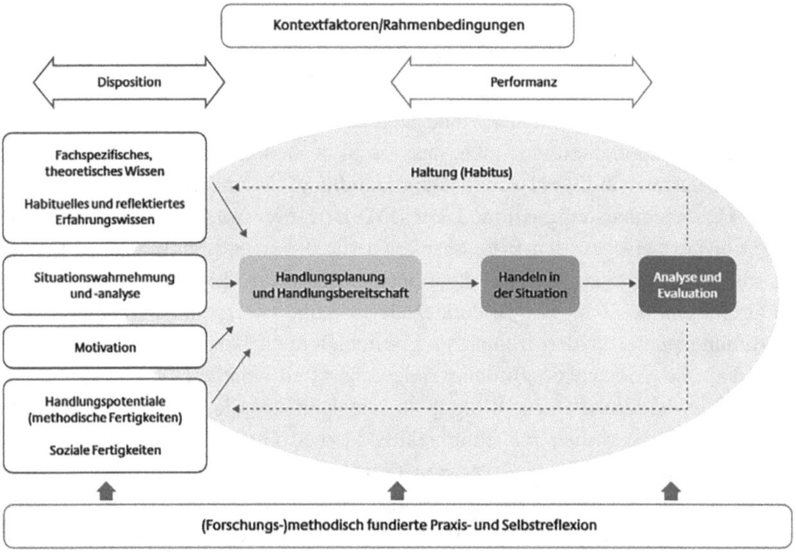

Abbildung 4.1 Allgemeines Kompetenzmodell für den frühpädagogischen Bereich. (Quelle: Fröhlich-Gildhoff et al. (2014))

Die Disposition umfasst dabei das Wissen, die Situationswahrnehmung und -analyse, die Motivation sowie die Handlungspotenziale der Fachkraft. Das Wissen umfasst Fachwissen, darunter wird das vertiefte konzeptuelle Hintergrundwissen sowie ein vertieftes Verständnis der Inhalte der einzelnen Bildungsbereiche verstanden, ebenso fachdidaktisches Wissen und allgemeines pädagogisches Wissen (Anders, 2012) sowie implizites Erfahrungswissen. Im Bereich der frühen naturwissenschaftlichen Bildung umfasst das Wissen auch noch das Wissen über das

Wesen der Naturwissenschaften (vgl. Abschn. 2.2 Das Wesen der Naturwissenschaften), da dieses Wissen als Einflussgröße auf die Haltung und die Motivation zu betrachten ist.

Die Handlungsbereitschaft wird maßgeblich durch die jeweilige Situationswahrnehmung und -analyse sowie durch die Motivation beeinflusst. Die Motivation hängt eng mit dem Aspekt der Haltung zusammen. Hierunter sind das Interesse an den einzelnen Bildungsbereichen, die Selbstwirksamkeitserwartung in Bezug auf die Unterstützung von Bildungsprozessen sowie die Begeisterungsfähigkeit für das Aufgreifen von Lerngelegenheiten zu verstehen.

Das Denken und Handeln wird durch die Haltung beeinflusst, die sich aus handlungsleitenden Orientierungen, Werthaltungen und Einstellungen zusammensetzt. Darunter werden die Einstellung zu grundlegenden frühpädagogischen Ansätzen, die Vorstellungen über das Aufgabenfeld von Kindertageseinrichtungen, über die eigene Rolle als pädagogische Fachkraft, über den Stellenwert der einzelnen Bildungsbereiche und über die Inhalte, die als wesentlich für den frühpädagogischen Bereich eingeschätzt werden, gefasst (Anders, 2012).

Dabei wird davon ausgegangen, dass die Haltung die Art der Begegnung mit der erkennbaren Welt vorstrukturiert und das Denken, das Schlussfolgern, sowie die Informationsverarbeitung und die Motivation beeinflusst. Anders als die Wissensbereiche haben die handlungsleitenden Orientierungen, Werthaltungen und Einstellungen einen subjektiven Charakter (Steffensky, 2017) und sie können einer Person sowohl bewusst sein als auch im unbewussten Bereich liegen.

Die Haltung liegt als „handlungsgenerierende Struktur im Sinne eines individuell biografischen und kollektiven Habitus" (Fröhlich-Gildhoff et al., 2011) hinter der Ebene der Disposition und beeinflusst so die Umsetzung von Disposition in Performanz. Dieser Prozess in einer spezifischen Situation kann reflektiert und evaluiert werden und somit Einfluss auf zukünftige Situationen nehmen.

Da der Haltung im Rahmen dieser Arbeit eine besondere Bedeutung zukommt, wird sie an dieser Stelle nicht weiter ausgeführt, sondern in Kapitel 5 „Vorstellungen über naturwissenschaftliche Bildung als Determinanten in Bildungsprozessen in der Kita" noch einmal aufgegriffen und vertieft.

Das in Abschnitt 4.2.1 beschriebene Kompetenzmodell aus dem schulischen Kontext und das in Abbildung 4.1 dargestellte Kompetenzmodell aus dem frühpädagogischen Kontext weisen viele Gemeinsamkeiten, aber auch einige Unterschiede auf. So wird im Kompetenzmodell von Fröhlich-Gildhoff et al. (2014) die Selbstreflexion als Einflussgröße benannt und der Haltung als Einflussgröße eine stärkere Bedeutung zugewiesen. Dieser Aspekt kann zum einen dadurch begründet werden, dass pädagogische Fachkräfte im Vergleich zu Lehrkräften durch die Offenheit der Bildungspläne einen größeren Handlungsspielraum haben. Zum anderen wählen Lehrkräfte im Idealfall die Unterrichtsfächer, die sie später unterrichten, aus einer Neigung heraus aus. Pädagogische Fachkräfte hingegen sind für die Umsetzung aller Bildungsbereiche verantwortlich.

Auch der Aspekt der Situationswahrnehmung wird nicht explizit in den Kompetenzmodellen aus dem schulischen Kontext aufgeführt. Gasteiger und Benz (2016) sprechen sich dafür aus, aus mathematikdidaktischer Sicht einzelne Facetten des Modells von Fröhlich-Gildhoff et al. (2011) auszudifferenzieren, zu ergänzen oder neu zu strukturieren. Sie schlagen vor, den Bereich des Wissens weiter auszudifferenzieren sowie den Bereich der Förderung und Diagnose um spezifische Kompetenzen zu erweitern und die Einordnung der Situationswahrnehmung aufgrund ihrer zentralen Bedeutung kritisch zu reflektieren. Auch im Bereich der frühen naturwissenschaftlichen Bildung kommt der Situationswahrnehmung eine zentrale Bedeutung zu. Der Gehalt einer spontanen Situation oder einer Äußerung eines Kindes im Hinblick auf die Chancen einer naturwissenschaftlichen Lerngelegenheit muss zunächst erkannt werden. Dies setzt ein Überblickswissen über die unterschiedlichen Inhaltsbereiche der frühen naturwissenschaftlichen Bildung voraus. Die Situationswahrnehmung wird zudem durch die eigene Haltung der Fachkraft stark beeinflusst. Eigene Vorbehalte gegenüber naturwissenschaftlichen Fragestellungen können dazu führen, dass Lernchancen zwar als solche erkannt, aber aus Angst vor Überforderung mit dem angesprochenen naturwissenschaftlichen Zusammenhang, nicht aufgegriffen werden. Abbildung 4.2 zeigt die Anpassung des Kompetenzmodells für den frühpädagogischen Bereich (Fröhlich-Gildhoff et al., 2011) für den naturwissenschaftlichen Bereich in Anlehnung an das Modell von Gasteiger und Benz (2016) für den Bereich Mathematik. Der Aspekt der Förderung und Diagnose, dem im Kompetenzmodell von Gasteiger und Benz (2016) eine große Bedeutung zukommt, wird hier bewusst nicht mit aufgenommen, da für den frühen naturwissenschaftlichen Bereich kaum Diagnoseinstrumente vorliegen und auch kein Konsens über die Fähigkeiten, über die Kinder am Ende der Kindergartenzeit verfügen sollten, besteht.

Es wird davon ausgegangen, dass die verschiedenen Facetten professioneller Handlungskompetenz die pädagogische Prozessqualität beeinflussen und damit auch indirekt einen Einfluss auf die Entwicklung der Kinder haben.

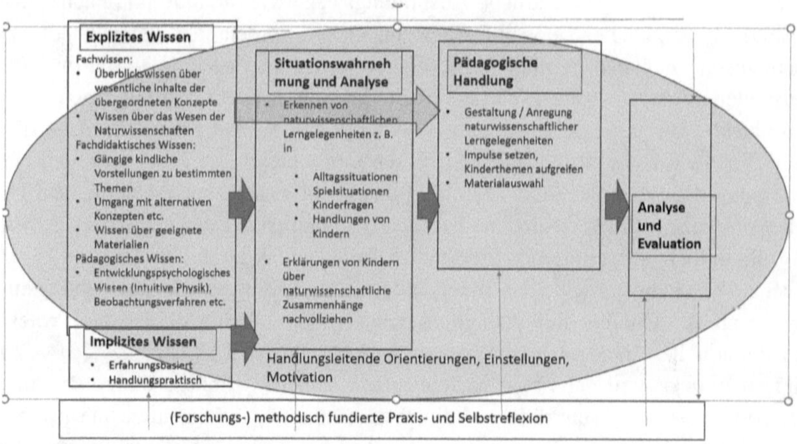

Abbildung 4.2 Modell zur naturwissenschaftlichen Kompetenz frühpädagogischer Fachkräfte. (Eigene Darstellung in Anlehnung an Gasteiger und Benz (2016) und Fröhlich-Gildhoff et al. (2014))

Hinsichtlich der Bedeutung professioneller Kompetenzen für die Qualität von Unterricht, den Lernfortschritt und die Persönlichkeitsentwicklung von Schülerinnen und Schülern herrscht immer noch ein Mangel an empirischer Evidenz (Kunter et al., 2011). Umso mehr gilt dies für den frühpädagogischen Bereich. In Bezug auf die Rolle, die die professionellen Kompetenzen für die Qualität von Kindertageseinrichtungen und damit für die kindliche Entwicklung haben, ist trotz einiger Studien in diesem Bereich immer noch großer Forschungsbedarf festzustellen. Konsens besteht in der Forschung darüber, dass es einen Zusammenhang gibt zwischen umfangreichem fachdidaktischen Wissen und der Fähigkeit, in spezifischen Alltagssituationen die Bedürfnisse von Kindern zu erkennen und angemessen zu reagieren (Steffensky, 2017). Die Frage nach dem erforderlichen (naturwissenschaftlichen) Fachwissen und dessen Einfluss auf das pädagogische Handeln ist bisher nicht ausreichend erforscht. Für den Bereich Sprachförderung konnte ein Zusammenhang zwischen Wissen und Performance nachgewiesen werden (Mischo, 2024), für den Bereich Natur stehen derartige Untersuchungen noch aus.

Es gibt einige wenige allgemeine Untersuchungen über den Zusammenhang zwischen professioneller Kompetenz und Prozessqualität. In diesen Studien werden zum Teil unterschiedliche Ausbildungswege wie Studium und Fachschulausbildung vergleichend gegenübergestellt. Dabei werden sehr unterschiedliche methodische Zugänge gewählt (z. B. Fragebögen, Interviews, Analyse von Fallbeispielen, Videoanalysen professionellen Handelns). Diese Vielfalt macht eine Vergleichbarkeit der Ergebnisse sehr schwierig. Mit KES-R (Tietze et al., 2017) und CLASS (Pianta et al., 2008) existieren umfangreich erprobte Verfahren zur Erfassung der Prozessqualität. Darüber hinaus gibt es sehr unterschiedliche Herangehensweisen, um verschiedene Facetten der Qualität der pädagogischen Arbeit in frühkindlichen Institutionen zu erfassen (Mackowiak et al., 2014).

Ein Forschungsprojekt, das unter anderem den Einfluss des Ausbildungsniveaus auf die Qualität des pädagogischen Handelns überprüft, ist das Projekt „Professionelles Handeln im Elementarbereich“ (PRIMEL) (Kucharz, 2014). In diesem Projekt wird der Frage nachgegangen, welchen Einfluss die Ausbildung der pädagogischen Fachkräfte auf die Prozessqualität, insbesondere die professionelle Interaktionsgestaltung mit den Kindern hat. Dabei werden zum einen die bewusste Begleitung und Gestaltung von Freispielsituationen und zum anderen die Gestaltung von domänenspezifischen Bildungsangeboten betrachtet. Darüber hinaus werden unterschiedliche Ausbildungen im frühpädagogischen Bereich in den Blick genommen und die Befunde vergleichend gegenübergestellt. Als ein Befund wird hier Mischo et al. (2012) herausgestellt, dass das höhere Ausbildungsniveau der frühpädagogischen Fachkräfte in allen analysierten Settings keinen positiven Einfluss auf die stattfindende Interaktionsqualität aufweist. Nach diesem Befund scheint sich das Ausbildungsniveau nicht zwangsläufig in der pädagogischen Arbeit der Fachkräfte niederzuschlagen.

Andere Befunde weisen jedoch darauf hin, dass sich ein positiver Einfluss einer höheren Ausbildung des pädagogischen Personals auf die pädagogischen Prozesse feststellen lässt (NICHD Early Child Care Research Network, 2002) und dass die Qualität der Aus- und Weiterbildung einen positiven Effekt auf das Verhalten der pädagogischen Fachkräfte zu haben scheint (Fthenakis, 2004), (NICHD Early Child Care Research Network, 2002). Auch Mischo et al. (2012) stellen in der Studie „Ausbildung und Verlauf von Erzieherinnen- Merkmalen“ (AVE) die Ausbildungsangebote an Fachschulen und Hochschulen vergleichend gegenüber und gehen der Frage nach, ob sich ein Zusammenhang zwischen dem Ausbildungsangebot und der Selbsteinschätzung der Kompetenzen nachweisen lässt. Sie kommen zu dem Ergebnis, dass die Kompetenz-Selbsteinschätzung der Befragten und die Wichtigkeitseinschätzung verschiedener Bereiche von der jeweiligen Ausbildungssituation abhängen. Es konnte gezeigt werden, dass während der Ausbildung die angehenden Fachkräfte professionelles Wissen erwerben, das für professionelles Handeln unabdingbar ist. In den Kernbereichen der beruflichen Tätigkeit (Arbeit mit dem Kind) fühlen sich die Fachkräfte gut ausgebildet. Es lassen sich Unterschiede zwischen Hochschule und Fachschule feststellen und zwar derart, dass Hochschul-Befragte über ein etwas höheres professionelles Wissen am Ende des Studiums verfügen. Ein Ausbildungseffekt kann auch hinsichtlich der Einstellungen und der kognitiven Orientierungen nachgewiesen werden (Mischo et al., 2012). Die Befunde weisen darauf hin, dass während der Ausbildung eine Zunahme an der Orientierung an wissenschaftlichen Theorien und eine Abnahme an der Orientierung an eigenen Intuitionen und subjektiven Theorien stattfindet, wobei sich dieses Verhältnis nach vier Jahren Berufspraxis in Kindertageseinrichtungen umzukehren scheint (Mischo et al., 2013).

Die Kompetenzfacetten, die für das Berufsbild einer pädagogischen Fachkraft herausgearbeitet wurden, zeigen sich auch in den Ausbildungsplänen der Fachschulen sowie in den Modulhandbüchern der frühpädagogischen Studiengänge. Die Studiengänge wurden mit dem Anspruch entwickelt, eine Kompetenzentwicklung zu ermöglichen, die einem hochschulischen Ausbildungsniveau gerecht wird und damit den Erwerb von komplexem, wissenschaftlich theoretisch fundiertem Zusammenhang und Reflexionswissen beinhaltet. Ein ähnliches Niveau – wenn auch unter Verzicht beispielsweise von Forschungskompetenzen – streben die Fachschulen an (Fröhlich-Gildhoff et al., 2011).

Eine Analyse der Modulhandbücher frühpädagogischer Studiengänge zeigt, dass eine deutliche und systematische Orientierung am Kompetenzmodell des Deutschen Qualifikationsrahmens (DQR) vorzufinden ist. Im DQR werden zwei Kompetenzkategorien unterschieden: „Fachkompetenz“, unterteilt in „Wissen“ und „Fertigkeiten“, und „Personale Kompetenz“, unterteilt in „Sozialkompetenz“ und „Selbstständigkeit“ (Bundesministerium für Bildung und Forschung, o. J.).

Trotz der Orientierung am Qualifikationsrahmen sowie am im Jahr 2010 entwickelten gemeinsamen Orientierungsrahmen „Bildung und Erziehung in der Kindheit“ (Kultusministerkonferenz, 2010) herrscht eine große inhaltliche Heterogenität zwischen den Modulhandbüchern der einzelnen Studiengänge und der Ausgestaltung der Lehrpläne der Fachschulen.

Für den Bereich Natur gibt es kein allgemein anerkanntes und wissenschaftlich fundiertes Curriculum, das die Inhalte für die Frühpädagogik beschreibt. Im folgenden Kapitel wird ein Überblick über die Inhalte und den Umfang der frühen naturwissenschaftlichen Bildung in den Lehrplänen und den Modulhandbüchern Baden-Württembergs gegeben.

4.3 Naturwissenschaftliche Inhalte in frühpädagogischen Studiengängen und in der Ausbildung pädagogischer Fachkräfte exemplarisch für Baden-Württemberg

In dem gemeinsamen Orientierungsrahmen „Bildung und Erziehung in der Kindheit“, der Eckpunkte für die Weiterentwicklung von Fachschulgängen und Hochschulstudiengängen im Bereich der Bildung und Erziehung in der Kindheit festhält, werden unter der Überschrift „Kenntnisse“ „Grundlegendes und exemplarisch vertieftes Wissen in den Bildungsbereichen der jeweiligen Bildungspläne“ (S. 7) sowie unter der Überschrift „Fertigkeiten“ „Didaktische Fähigkeit zur Entwicklung von Lehr-Lern-Arrangements in den Bildungsbereichen und zur Vernetzung der Bildungsbereiche in umfassenden Projekten“ (S. 7) angegeben (Kultusministerkonferenz, 2010). Die konkrete Ausgestaltung dieser Vorgaben wird im folgenden Abschnitt exemplarisch für das Bundesland Baden-Württemberg beleuchtet. Dabei werden die Inhalte getrennt nach Fachschulausbildung und Studium berichtet.

4.3.1 Naturwissenschaftliche Inhalte in den Lehrplänen der Fachschulen

Die klassischen Ausbildungswege zur Erzieherin bzw. zum Erzieher in Baden-Württemberg sind Mittlere Reife und ein Jahr Berufskolleg sowie eine dreijährige Ausbildung an Fachschulen für Sozialpädagogik oder Abitur bzw. Fachhochschulreife und sechs Wochen Praktikum sowie eine 3-jährige Ausbildung an Fachschulen für Sozialpädagogik. Daneben werden unterschiedliche Qualifizierungsmöglichkeiten für Quereinsteigerinnen und Quereinsteiger angeboten.

Die Bildungspläne für das Berufskolleg und die Fachschule für Sozialpädagogik orientieren sich an dem Orientierungsplan. Der Bildungsbereich Natur findet im Berufskolleg und an der Fachschule in folgendem zeitlichen Umfang Berücksichtigung:

Aus Tabelle 4.1 wird ersichtlich, dass im Bildungsplan für das einjährige Berufskolleg Naturwissenschaftliche Bildung im Umfang von 25 Schulstunden abgebildet ist. Im Bildungsplan für die Fachschulen für Sozialpädagogik umfasst der Bereich im Pflichtbereich in den Handlungsfeldern „Bildung und Entwicklung fördern I“ 55 Schulstunden. Im Wahlpflichtbereich „Forschen und Experimentieren“ kann der Bereich um zusätzliche 105 Schulstunden ergänzt werden. Die beschriebenen Inhalte reichen von Naturerfahrungen und dem Erwerben von

Tabelle 4.1 Zeitlicher Umfang des Bildungsbereichs Natur in der Ausbildung an Berufskollegs und an Fachschulen

Berufskolleg 1-jährig		
	Bezeichnung	Stundenumfang
	Natur als Lebensraum erfahren	25
Fachschule (Berufskolleg 2- und 3-jährig)		
2. Schuljahr Pflichtbereich Handlungsfelder – Bildung und Entwicklung fördern I	Naturwissenschaftliche und technische Lern- und Bildungsprozesse eröffnen, begleiten und erfahrbar machen	55
Wahlpflichtbereich	Methodik und Didaktik in der naturwissenschaftlichen und technischen Bildung	15
	Fachwissenschaftliche und fachpraktische Grundlagen	35
	Naturwissenschaft und Technik im Orientierungsplan für Bildung und Erziehung in baden-württembergischen Kindergärten und weiteren Kindertageseinrichtungen	10
	Fachwissenschaftliche und fachpraktische Vertiefung	20
	Technische Lern- und Bildungsprozesse	25

Quellen: Ministerium für Kultus, Jugend und Sport Baden-Württemberg, 2010; Ministerium für Kultus, Jugend und Sport Baden-Württemberg, 2012; Ministerium für Kultus, Jugend und Sport Baden-Württemberg, 2009

Grundkenntnissen der heimischen Tier- und Pflanzenwelt bis hin zur Reflexion der eigenen Erfahrungen mit Naturwissenschaften und der Planung von Experimenten im ersten Schuljahr bis hin zu sehr konkret vorgegebenen Themen im zweiten und dritten Schuljahr wie z. B. Feuer, Wasser, Luft, Akustik (kalte und warme Luft, Luftdruck, Sauerstoff, Kohlenstoffdioxid, Schall, Gehör, Stimme, Sprache, Klangerzeuger) ergänzt durch didaktisches Wissen (Ministerium für Kultus, Jugend und Sport Baden-Württemberg, 2010). Im Wahlpflichtbereich werden die Grundlagen um die Bereiche Methodik und Didaktik naturwissenschaftlicher und technischer Bildung sowie um den Bereich fachwissenschaftliche Grundlagen aus den Bereichen Biologie, Chemie, Physik, Astronomie, Ernährung, Geographie und Mathematik erweitert (Ministerium für Kultus, Jugend und Sport Baden-Württemberg, 2012). Zusammenfassend lässt sich herausstellen, dass der Umfang naturwissenschaftlicher Inhalte in der Ausbildung zur pädagogischen Fachkraft in Baden-Württemberg abhängig von der Wahl des Wahlpflichtbereichs variiert. Ein Mindestumfang an naturwissenschaftlichen Inhalten ist jedoch durch den Pflichtbereich festgelegt.

4.3.2 Naturwissenschaftliche Inhalte in den Modulhandbüchern frühpädagogischer Studiengänge in Baden-Württemberg

Für die Analyse der Module kindheitspädagogischer Studiengänge in Baden-Württemberg im Hinblick auf den Umfang und die Inhalte des Bildungsbereichs Natur wurden die Modulhandbücher der Pädagogischen Hochschulen Karlsruhe, Ludwigsburg, Weingarten, Esslingen, Heidelberg, Schwäbisch Gmünd und Freiburg in den Blick genommen sowie die Modulhandbücher der Evangelischen Hochschulen Ludwigsburg und Freiburg.

Aus Tabelle 4.2 (a und b) geht hervor, dass in allen kindheitspädagogischen Studiengängen in Baden-Württemberg der Bildungsbereich Natur in den Modulhandbüchern abgebildet wird, Umfang und Bezeichnung jedoch eine große Variation aufweisen. So reicht der Umfang der Pflichtmodule mit naturwissenschaftlichen Inhalten von nichtverpflichtend an einer Hochschule bis hin zu 4 SWS an fünf Hochschulen. Darüber hinaus besteht an vier Hochschulen die Möglichkeit, den Bildungsbereich Natur als Vertiefung zu wählen und damit zusätzliche Seminare zu besuchen. Auch die beschriebenen Inhalte und zu erwerbenden Kompetenzen sowie der Konkretisierungsgrad der Beschreibungen in den Modulhandbüchern weisen eine große Bandbreite auf, sodass ein Vergleich nicht möglich ist. Die im Hochschulrahmengesetz verankerte Freiheit der Lehre (§ 4 Abs. 3), die eine freie Gestaltung bezüglich der Inhalte und Methoden durch die Lehrenden beinhaltet und darüber hinaus die Berechtigung, die wissenschaftliche Lehrmeinung frei zu äußern, ist ein weiterer Faktor, der einen inhaltlichen Vergleich der naturwissenschaftlichen Module an den unterschiedlichen Hochschulen unmöglich macht.

Ein Dokumentenvergleich zwischen den Lehrplänen für die Fachschulen und den Modulhandbüchern der kindheitspädagogischen Studiengänge weist darauf hin, dass der Pflichtanteil an Naturwissenschaften bei einer dreijährigen Ausbildung an einer Fachschule für Sozialpädagogik vom zeitlichen Umfang mit 55 Schulstunden in etwa dem Umfang von 4 SWS (=56 Schulstunden) entspricht. Dabei wird von einer Anzahl von 14 Semesterwochen ausgegangen und von der Annahme, dass zwei SWS zwei Schulstunden entsprechen. Bei dieser Überlegung

Tabelle 4.2a Naturwissenschaftliche Inhalte in den Modulhandbüchern frühpädagogischer Studiengänge in Baden-Württemberg[1]

Hochschule	Pädagogische Hochschule Karlsruhe	Evangelische Hochschule Ludwigsburg	Pädagogische Hochschule Ludwigsburg	Pädagogische Hochschule Weingarten	Hochschule Esslingen
Studiengang	Kindheitspädagogik	Bildung und Erziehung im Kindesalter (Kindheitspädagogik)	Bildung und Erziehung im Kindesalter (Kindheitspädagogik)	Elementarbildung (Kindheitspädagogik)	Elementarbildung (Kindheits-pädagogik)
Übergeordneter Modultitel		Kindliche Weltzugänge	Kindliche Weltzugänge		
Pflichtmodule	Natur: Grundlagen naturwissenschaftlicher Bildung	Bildung und Entwicklung im Kontext verschiedener Bildunsbereiche	Bildung und Entwicklung im Kontext verschiedener Bildungsbereiche	Sachbezogene Weltbegegnung in der (frühen)Kindheit	Bildungsprozesse gestalten – exem-plarische Praxis
	M5: Pflicht: Natur: Didaktische Grundlagen früher naturwissen-schaftlicher Bildung			Sachbezogenes Lernen in der (frühen) Kindheit	
				Professionalisierung in der sachbezogenen Elementarbildung	

(Fortsetzung)

[1] Stand Oktober 2024.

Tabelle 4.2a (Fortsetzung)

Hochschule	Pädagogische Hochschule Karlsruhe	Evangelische Hochschule Ludwigsburg	Pädagogische Hochschule Ludwigsburg	Pädagogische Hochschule Weingarten	Hochschule Esslingen
Summe SWS Pflichtmodule	4 SWS	2 SWS		Keine Pflicht SWS im Bereich Natur	Inhalte zu allen Bildungsbereichen Anteil an Natur nicht ersichtlich
Wahlmodule	Gestaltung naturwissenschaftlicher Lernumgebungen	Welt erkunden, verstehen und gestalten	Welt erkunden, verstehen und gestalten		Erfahrung verschiedener Zugänge zu Bildungsbereichen
	Unterstützung kindlicher Bildungsprozesse Bildung				
Summe SWS Wahlmodule	4 SWS	4 SWS		6 SWS, wenn Natur gewählt wurde	8 SWS insgesamt für alle Bildungsbereiche

Tabelle 4.2b Naturwissenschaftliche Inhalte in den Modulhandbüchern frühpädagogischer Studiengänge in Baden-Württemberg[2]

Hochschule	Pädagogische Hochschule Freiburg	Evangelische Hochschule Freiburg	Pädagogische Hochschule Schwäbisch Gmünd	Pädagogische Hochschule Heidelberg
Studiengang	Kindheitspädagogik	Pädagogik der Kindheit/ Kindheitspädagogik	Kindheitspädagogik	B.A. Frühkindliche und Elementarbildung (Kindheitspädagogik)
Übergeordneter Modultitel	Welterschließung und mathematische Erfahrungen	Bildung bezüglich Natur, Naturwissenschaft und Nachhaltigkeit	Naturwissenschaftliche Grundbildung mit Welterkundung	Bildungsfelder Kunst, Medien und Naturwissenschaften
Pflichtmodule	Welterschließung	Bildung für nachhaltige Entwicklung, Natur- und waldpädagogische Projekte	Naturwissenschaftliche Grundbildung	Naturwissenschaftliche Bildung
	Didaktik der Welterschließung	Phänomene entdecken	Pflichtwahl zwischen 1: Welterkundung und 2: Exkursion	
Summe SWS Pflichtmodule	4 SWS	4 SWS	4 SWS	4 SWS
Wahlmodule		Naturphänomenen auf der Spur: Natur- und erlebnispädagogische Projekte		Keine explizite naturwissenschaftliche. Bildung
Summe SWS Wahlmodule		4 SWS		

[2] Stand Oktober 2024.

nicht berücksichtigt ist der in den Modulhandbüchern zugrunde gelegte Workload, der in Credit Points angegeben wird und ein Richtwert für den Arbeitsaufwand der Studierenden ist.

Der Lehrplan für die Fachschulen beinhaltet in vergleichbarem Maße wie die Modulbeschreibungen der Hochschulen die Möglichkeit einer Vertiefung des Bildungsbereichs Natur. Die naturwissenschaftlichen Inhalte des einjährigen Berufskollegs, das im Anschluss an einen Realschulabschluss Voraussetzung für den weiterführenden Besuch der Fachschule ist, wurden bei den Überlegungen nicht mit einbezogen, da diese Inhalte der Logik folgend den Inhalten der allgemein bildenden Schulen gegenübergestellt werden müssten.

Ein inhaltlicher Vergleich der Modulbeschreibungen der kindheitspädagogischen Studiengänge sowie der Lehrpläne für die Fachschulen weist darauf hin, dass die Lehrpläne für die Fachschulen sehr viel konkreter formuliert sind als die Modulbeschreibungen der kindheitspädagogischen Studiengänge in Baden-Württemberg, da in den Lehrplänen sehr spezifisch fachwissenschaftliche Themen benannt und sehr konkret zu erwerbende Kompetenzen benannt werden.

Forschungsbefunde verweisen auf ein anderes Bild. Jenßen et al. (2020) stellen in ihrer Untersuchung zur Mathematikangst bei angehenden pädagogischen Fachkräften heraus, dass es in der Fachschulausbildung so gut wie keine Lerngelegenheiten gibt, um relevantes mathematisches Fachwissen für die Kita zu erwerben. Deshalb beschränkt sich das mathematische Fachwissen auf das Wissen, das in der allgemeinbildenden Schule erworben wurde. Auch weitere Forschungsbefunde zeigen, dass professionelle Kompetenzen pädagogischer Fachkräfte im Bereich der frühen naturwissenschaftlichen und mathematischen Bildung in der Ausbildung bisher zu wenig berücksichtigt werden. Dies zeigt sich sowohl im Fachwissen, im pädagogisch-fachdidaktischen Wissen und im allgemeinen pädagogischen Wissen (Barenthien et al., 2020; Maier et al., 2013; Dunekacke et al., 2016).

Die Befunde der Studie „Early Steps into Science“ weisen auf eine große Heterogenität hinsichtlich des naturwissenschaftlichen Wissens der teilnehmenden pädagogischen Fachkräfte hin. Darüber hinaus stellen die Autorinnen und Autoren dieser Studie heraus, dass sich das naturwissenschaftliche Wissen der Fachkräfte in die drei Wissensfacetten inhaltsbezogenes, prozessbezogenes und fachdidaktisches Fachwissen unterteilen lässt. Alle drei Wissensfacetten korrelieren jedoch miteinander. Je höher das inhaltsbezogene Fachwissen einer Fachkraft ist, desto höher ist auch das fachdidaktische Wissen und das prozessbezogene Fachwissen (Steffensky et al., 2018).

In den genannten Studien wird nicht zwischen einer Ausbildung an Fachschulen und einem Studium an einer Hochschule differenziert.

Neben dem Wissen über naturwissenschaftliche, didaktische und allgemein pädagogische Inhalte, das in Schule, Studium oder Fachschule erworben wurde, kommt auch der Haltung der Fachkräfte gegenüber Naturwissenschaften bezüglich der Wahrnehmung naturwissenschaftlicher Lerngelegenheiten eine zentrale Bedeutung zu (vgl. Abschn. 4.2.2 Kompetenzmodelle im frühpädagogischen Kontext). Die Haltung umfasst unter anderem die Vorstellungen der pädagogischen Fachkräfte über naturwissenschaftliche Bildung. Dieser Aspekt ist Gegenstand des folgenden Kapitels.

5 Vorstellungen über naturwissenschaftliche Bildung als Determinanten in Bildungsprozessen in der Kita

Die Gestaltung qualitativ hochwertiger naturwissenschaftlicher Lerngelegenheiten stellt eine Herausforderung dar, für die vielfältige Kompetenzen auf Seiten der Fachkraft erforderlich sind (Steffensky et al., 2018). Neben der generischen Kompetenz werden auch domänenspezifische Aspekte als bedeutsam erachtet (Fröhlich-Gildhoff et al., 2014). Bezüglich der Fragen, welche domänenspezifische Kompetenzen besondere Relevanz haben, (welcher Stellenwert z. B. dem naturwissenschaftlichen Fachwissen zukommt) und in welcher Ausprägung pädagogische Fachkräfte diese benötigen, liegen bisher wenig Befunde vor. Die Autorinnen und Autoren der vom BMBF geförderten Wirkstudie „Early Steps into Science" (EASI Science)" stellen als einen zentralen Befund heraus, dass naturwissenschaftliche Kompetenz als mehrdimensional eingestuft werden kann und sich sowohl aus kognitiven als auch motivationalen Facetten zusammensetzt. Dabei kommt den Aspekten Interesse, Motivation, Wissen und Überzeugungen eine besondere Bedeutung zu (Anders et al., 2018).

Im frühpädagogischen Kompetenzmodell nach Fröhlich-Gildhoff et al. (2014) werden die „Überzeugungen" beziehungsweise die „Haltung" pädagogischer Fachkräfte als ein essenzieller Aspekt der Professionalisierung angehender und sich bereits im Beruf befindlicher pädagogischer Fachkräfte angesehen (vgl. Abschn. 4.2 Kompetenzmodelle). Nach Reusser et al. (2014) können berufsbezogene Überzeugungen als Facetten der Handlungskompetenz von Lehrkräften verstanden werden, die über das deklarative und prozedurale pädagogisch-psychologische und disziplinär-fachliche Wissen hinausgehen und damit einen handlungsleitenden Charakter aufweisen. Es ist davon auszugehen, dass dieser Zusammenhang auch für das Handeln pädagogischer Fachkräfte besteht

L.-M. Kraska, *Naturwissenschaftliche Bildung in Kindertageseinrichtungen*,
https://doi.org/10.1007/978-3-658-51059-6_5

(vgl. Abschn. 3.2 Bildungsvorstellungen und Handlungskonzepte pädagogischer Fachkräfte).

In der pädagogisch-psychologischen Forschung findet der Begriff der persönlichen Haltung, oder des zum Teil synonym verwendeten Begriffs Habitus, eher selten Verwendung (Mischo, 2024). Eine konzeptuelle Überschneidung besteht jedoch mit dem in der Psychologie häufig verwendeten Begriff der Einstellung.

Bevor der Forschungsstand zu den Vorstellungen pädagogischer Fachkräfte über naturwissenschaftliche Bildung betrachtet wird, werden zunächst die Begriffe „Einstellung", „Vorstellung", „Überzeugung" und „subjektive Theorie" analysiert und voneinander abgegrenzt.

5.1 Begriffsanalytische Abgrenzung der Begriffe Einstellungen, Vorstellungen, Überzeugungen und subjektive Theorien

In der Literatur zu den Überzeugungen von Lehrkräften oder pädagogischen Fachkräften herrscht bislang kein Konsens über die verwendeten Begrifflichkeiten (Pajares, 1992; Dubberke et al., 2008). Die Begriffe „Vorstellungen" (z. B. N. Kuhn et al., 2012), „Einstellungen" (z. B. Kunter et al., 2011) und „subjektive Theorien" (z. B. Groeben & Scheele, 2010) werden häufig in ähnlichen Kontexten verwendet, da es keine voneinander abgrenzenden Definitionen dieser Konzepte gibt.

Aus diesem Grund werden die Begriffe getrennt nacheinander in den Blick genommen und das für die vorliegende Arbeit zugrunde gelegte Verständnis abgeleitet.

5.1.1 Einstellungen

Der Begriff „Einstellung" ist ein in der Psychologie nicht eindeutig verwendeter Begriff. Einstellungen bezeichnen nach Seel (2003, S. 123) „die Präposition oder Neigung einer Person, ein Objekt oder dessen symbolische Repräsentation in einer bestimmten Weise zu bewerten". Demnach sind Einstellungen der Ausdruck des inneren Verhältnisses einer Person zu einem bestimmten Objekt. Sie haben eine bewusstseinsstrukturierende Funktion, indem sie Einstellungsobjekten eine spezifische Wertigkeit und Präferenz zuweisen. Auf individueller Ebene beeinflussen Einstellungen die Wahrnehmung, das Denken und das Verhalten (Haddock & Maio, 2023).

Die Beziehung zwischen Einstellungen und Verhalten wird seit Anfang der 1960er-Jahre durch ein sogenanntes Dreikomponentenmodell beschrieben. Es umfasst die affektive, die kognitive Komponente und die Verhaltenskomponente (Rosenberg, 1960). Die kognitive Komponente bezieht sich auf Überzeugungen, Gedanken und Eigenschaften, die wir mit einem bestimmten Objekt assoziieren. Die affektive Komponente umfasst Emotionen und Gefühle, die vom Einstellungsgegenstand ausgelöst werden. Die Verhaltenskomponente umfasst Handlungen und Verhaltensabsichten, die mit dem Einstellungsgegenstand zusammenhängen (Haddock & Maio, 2023).

Die kognitive Komponente der Einstellungen nimmt eine exponierte Position ein. Nicht nur weil sie zwischen den anderen beiden Komponenten vermittelt, sondern auch weil sie am ehesten durch Interviews, Fragebogen etc. zu messen ist (Dawes, 1977). Mit dem Zusammenhang zwischen Einstellungen und Verhalten beschäftigen sich zahlreiche Studien. Glasman und Albarracín (2006) führten eine Metaanalyse auf der Grundlage zahlreicher Studien durch und kamen zu dem Ergebnis, dass ein durchschnittlicher Zusammenhang von $r = .52$ und somit ein mittelstarker Zusammenhang zwischen dem beobachtbaren Verhalten und den geäußerten Einstellungen feststellbar ist. Auch Frey et al. (2009) kommen zu dem Schluss, dass der Zusammenhang zwischen Einstellungen und Verhalten offenbar keiner linearkausalen Logik folgt, sondern je nach Bedingungen und Variablen variiert. Die Befunde weisen darauf hin, dass zwar ein Zusammenhang zwischen der kognitiven Komponente der Einstellung und dem konkreten Handeln besteht. Es kann jedoch nicht immer davon ausgegangen werden, dass die verbal geäußerten Einstellungen und das tatsächlich beobachtbare Verhalten übereinstimmen. Dies zeigt auch die vielfach rezipierte, bereits vor 90 Jahren durchgeführte Studie von LaPierre (1934), in der nur eine minimale Übereinstimmung zwischen verbal geäußerten Überzeugungen und dem tatsächlich beobachtbaren einstellungsbezogenen Verhalten festgestellt wurde (zit. nach Seel, 2003).

In der Psychologie gibt es unterschiedliche Theorien, die den Zusammenhang zwischen Einstellungen und Handeln zum Gegenstand haben. Während lange Zeit hauptsächlich Studienergebnisse rezipiert wurden, die darauf hinweisen, dass kein oder nur ein geringer Zusammenhang zwischen der Einstellung einer Person und ihrem tatsächlichen Handeln feststellbar ist, befassen sich neuere Studien eher damit, welche Faktoren die Stärke dieses Zusammenhangs beeinflussen. Eine Übersicht über den Forschungsstand und gängige Einstellungs-Verhalten-Modelle findet sich in Frey et al. (2009).

5.1.2 Vorstellungen

Vorstellungen können als mentale Repräsentationen von Objekten, Ereignissen oder Konzepten verstanden werden, die in unserem Geist entstehen. Sie ermöglichen es uns, uns Dinge vorzustellen, die nicht unmittelbar in unserer Umgebung vorhanden sind, und sind ein wichtiger Bestandteil kognitiver Prozesse (Johnson-Laird, 1995). Neben dem Begriff „Vorstellungen" findet synonym auch der Begriff „mentale Modelle" Verwendung. Vorstellungen spielen eine wichtige Rolle in der Wahrnehmung, dem Verständnis und der Interpretation von Informationen und sie können sowohl bewusst als auch unbewusst sein und die Wahrnehmung und das Verhalten beeinflussen (Kosslyn, 1980). Der Begriff „Vorstellung" als solcher verweist jedoch nicht auf ein einheitliches, spezifiziertes theoretisches Konstrukt. Perrig (1988) benennt drei Beschreibungs- oder Bezugsebenen, auf die sich „Vorstellungen" beziehen können: die Ebene des introspektiven Phänomens, die Ebene der operationalen Variable und die Theorie- oder Konstruktebene.

Auf der Ebene des introspektiven Phänomens beziehen sich Vorstellungen auf das subjektive Erleben oder die Erfahrung, in der der Mensch glaubt, konkrete Dinge oder Ereignisse zu „sehen", zu „hören" oder zu „spüren", sobald eine gedankliche Auseinandersetzung stattfindet, ohne dass diese Dinge wirklich vorhanden sind.

Auf der Ebene der operationalen Variable geht es darum, Vorstellungen auf der Grundlage bestehender Untersuchungsparadigmen und Theorien zu operationalisieren.

Auf der Theorie- oder Konstruktebene geht es um die Frage, wie ein theoretisches Konstrukt aussehen muss, um Vorstellungen befriedigend zu erklären. In der vorliegenden Arbeit ist vor allem der Begriff der Vorstellungen auf der Beschreibungsebene des introspektiven Phänomens relevant.

Bilanzierend ist festzuhalten, dass Vorstellungen die Überzeugungen formen können, indem sie diese beeinflussen und umgekehrt können Überzeugungen die Vorstellungen beeinflussen, indem sie die Wahrnehmung und Interpretation von Informationen lenken (D. Kuhn, 2011).

5.1.3 Überzeugungen

In empirischen Untersuchungen zu den Vorstellungen von Lehrkräften beziehungsweise pädagogischen Fachkräften vom Lehren, Lernen und von der pädagogischen Arbeit wird häufig auf den vor allem kognitionspsychologisch geprägten Begriff der Überzeugungen (Beliefs) zurückgegriffen.

Überzeugungen werden durch Vorstellungen, Erfahrungen, Werte, Kultur und Erziehung geprägt (Fiske & Taylor, 2021). Sie zeichnen sich dadurch aus, dass sie evaluative und affektive Komponenten enthalten und eher episodischer Natur sind. Überzeugungen entstehen auf der Grundlage von Erfahrungen und sind in Überzeugungssystemen miteinander verbunden (Pajares, 1992). Im Kontext des Handlungsfelds Schule werden Überzeugungen von Reusser et al. (2014, S. 480) als

> „affektiv aufgeladene, eine Bewertungskomponente beinhaltende Vorstellungen über das Wesen und die Natur von Lehr-Lernprozessen, Lerninhalten, die Identität und Rolle von Lernenden und Lehrenden (sich selbst) sowie den institutionellen und gesellschaftlichen Kontext von Bildung und Erziehung, welche für wahr oder wertvoll gehalten werden und ihrem berufsbezogenen Denken und Handeln Struktur, Halt, Sicherheit und Orientierung geben."

bezeichnet.

Für den gleichen Kontext definieren Oser und Blömeke (2012, S. 415) Überzeugungen (Beliefs) als „(meist) nicht-wissenschaftliche Vorstellungen darüber, wie etwas beschaffen ist oder wie etwas funktioniert, mit dem Anspruch der Geltung für das Handeln…". Im Gegensatz zu der Definition von Reusser et al. (2014) fehlt hier der evaluative Aspekt. In beiden Definitionen wird auf einen Zusammenhang zwischen den Überzeugungen und dem Handeln verwiesen. Über die Stärke dieses Zusammenhangs liegen unterschiedliche Forschungsbefunde vor (Reusser et al., 2014; Seel, 2003).

Hinsichtlich der Begriffsbestimmung gibt es je nach Kontext eine große Vielfalt. Pajares (1992, S. 307) verwendet in diesem Zusammenhang den Begriff des „Messy Construct". Im anglo-amerikanischen Sprachraum weist das Konstrukt „Belief" eine lange Forschungstradition auf, während sich im deutschsprachigen Raum der Begriff der „Überzeugung" in der empirischen Bildungsforschung durchgesetzt zu haben scheint (Blömeke et al., 2010), auch wenn der Gebrauch uneinheitlich ist und die Formulierungen der Items eine große Varianz aufweisen. Im frühpädagogischen Kontext findet der Begriff der „Orientierungen" häufig Verwendung (z B. Fröhlich-Gildhoff et al., 2011). Der Begriff der Orientierung weist sehr viele Ähnlichkeiten zum Konstrukt der Überzeugungen auf, da Orientierungen ebenfalls als handlungsleitend eingestuft werden können. Darüber hinaus können Orientierungen als Ausdrucksformen eines Habitus verstanden werden (Bohnsack, 2014).

5.1.4 Subjektive Theorien

Mandl und Huber (1983, S. 98) definieren subjektive Theorien als „Aggregate von prinzipiell aktualisierbaren Kognitionen, in denen sich die subjektive Sichtweise des Erlebens und Handelns niederschlägt", die sich auf die Selbst- und Weltsicht beziehen. Diese Definition wurde in zahlreichen Folgearbeiten zugrunde gelegt (z. B. Groeben et al., 1988).

Subjektive Theorien sind demnach Bestandteil des subjektiven Weltwissens und werden im Laufe der Lebensbiografie entwickelt. Es wird davon ausgegangen, dass sie die „...Art der Begegnung mit der erkennbaren Welt vorstrukturieren" (Baumert & Kunter, 2006, S. 498) und subjektiven Theorien somit eine handlungssteuernde Funktion zukommt. Den theoretischen Rahmen dafür liefert die Handlungstheorie nach von Cranach (1994), der mit seinem Spiralmodell das dialektische Verhältnis zwischen Wissen und Handeln, das heißt die Annahme, dass Wissen das Handeln lenkt und Wissen durch Handeln gestärkt wird, dargestellt hat (Dann, 1992).

Der Begriff der „subjektiven Theorie" wird häufig mit den Begriffen „naive Theorien", „implizites Wissen" oder „Alltagstheorien" gleichgesetzt. Diese Begriffe werden in verschiedenen Forschungskontexten synonym verwendet und sind nicht klar voneinander abgrenzbar. Ebenso verhält es sich im angloamerikanischen Sprachraum. Auch hier existiert eine Vielzahl synonym verwendeter Begriffe wie „beliefs, attitudes, values, judgments, axioms, opinions, ideologies, perceptions, conceptions, conceptual systems, preconceptions, dispositions, implicit theories, explicit theories, personal theories, internal mental processes, action strategies, rules of practice, practice principles, perspectives,..." (Pajares, 1992 S. 309). Zur begrifflichen Schärfung im deutschen Sprachraum und zur methodischen Explikation hat die Forschergruppe Groeben et al. (1988) beigetragen, die ein Forschungsprogramm zum Konstrukt „Subjektive Theorien" entwickelt hat. Im deutschen Sprachraum hat sich der Begriff der „subjektiven Theorie" durchgesetzt (E. König, 2002). Dieser Begriff beschreibt analog zu wissenschaftlichen Theorien ein Konzept zur Erfassung und Beschreibung eines Sachverhalts. Während wissenschaftliche Theorien jedoch auf die Ergebnisse systematischer Forschung und damit auch auf die Einhaltung bestimmter

Gütekriterien zurückzuführen sind, handelt es sich bei subjektiven Theorien um durch Erfahrungen und Belehrungen aufgebautes Wissen (Beck & Krapp, 2006). Aus diesem Grund kann bei subjektiven Theorien nicht von einem vergleichbaren Grad an Explizitheit, Präzision und Systematik ausgegangen werden wie bei wissenschaftlichen Theorien. Zwischen den Strukturen und Funktionen subjektiver und wissenschaftlicher Theorien lassen sich jedoch Parallelen feststellen. Demnach liegt der Verwendung des Begriffs „Theorie" die Annahme zugrunde, dass die in der subjektiven Theorie enthaltenen Konzepte in Form von zumindest impliziten Argumentationsstrukturen verbunden sind (Groeben et al., 1988). Dieser Aspekt findet Berücksichtigung in der Definition des Konstrukts „subjektive Theorien", auf die das Forschungsprogramm von Groeben et al. (1988) aufbaut. Nach dieser Definition sind subjektive Theorien in erster Linie als „Kognitionen der Selbst- und Weltsicht, als komplexes Aggregat mit (zumindest impliziter) Argumentationsstruktur, das auch die zu objektiven (wissenschaftlichen) Theorien parallelen Funktionen der Erklärung, Prognose, Technologie erfüllt" (Groeben et al., 1988, S. 19) zu verstehen.

Die Autoren gehen jedoch noch einen Schritt weiter und erweitern diese „weite Variante" um zwei Aspekte, die sich konsequenterweise aus der Grundannahme eines Menschenbildes ergeben, das von den Autoren als „epistemologisches Subjektmodell" bezeichnet wird. Nach diesem Modell werden Sprach- und Kommunikationsfähigkeit, Reflexivität, potenzielle Rationalität und Handlungsfähigkeit als die zentralen anthropologischen Merkmale des Menschen bezeichnet (Groeben & Scheele, 2010). Die oben angeführte Definition wird vor diesem Hintergrund als engere Begriffsvariante spezifiziert in:

> „Kognitionen der Selbst- und Weltsicht, die im Dialog-Konsens aktualisier- und rekonstruierbar sind, als komplexes Aggregat mit (zumindest impliziter) Argumentationsstruktur, das auch die zu objektiven (wissenschaftlichen) Theorien parallelen Funktionen der Erklärung, Prognose und Technologie erfüllt, deren Akzeptierbarkeit als ‚objektive' Erkenntnis zu prüfen ist." (Groeben et al., 1988, S.22).

Bei den Dialog-Konsens-Methoden handelt es sich um Erhebungsverfahren, die im Rahmen des Forschungsprogramms „Subjektive Theorien" entwickelt wurden. Da die subjektiven Theorien einer handelnden Person in der Regel nicht direkt beobachtbar sind, müssen sie anhand sprachlicher Kommunikation rekonstruiert werden. Um diese zu erfassen, werden im Rahmen des Dialog-Konsens-Verfahrens zwei Schritte angewendet: die Kognitionserhebung und die Dialog-Konsens-Herstellung. Die Kognitionserhebung umfasst die Teilschritte (halbstandardisiertes) Interview und Vermittlung der Regeln für die formale

Rekonstruktion. Die Dialog-Konsens-Herstellung besteht aus der Erstellung je eines Strukturbildes durch den Forschenden und die befragte Person mithilfe eines Strukturlege-Leitfadens sowie der Einigung auf ein gemeinsames Konsensbild.

Dabei kommt der kommunikativen Interaktion und vor allem ihrer methodischen Systematisierung eine besondere Bedeutung zu und die Zustimmung der befragten Person (Erkenntnis-Objekt) wird als oberstes Validitätskriterium eingesetzt. Dabei geht es nicht darum zu überprüfen, ob die Innensicht realitätsadäquat ist, sondern darum, ob die Innensicht valide abgebildet wird. Hierzu legt die forschende Person die Interpretation gegenüber der befragten Person offen und überprüft damit die Richtigkeit (Groeben & Scheele, 2010).

Die Erweiterung des Aspekts „Kognitionen der Selbst- und Weltsicht" um die Komponente der Rekonstruierbarkeit durch die „Dialog-Konsens"-Methode hat somit die Funktion einer kommunikativen Validierung.

Das Forschungsprogramm von Groeben et al. (1988) knüpft an verschiedene Ansätze an, darunter die „Psychologie der persönlichen Konstrukte" von Kelly und die „Naiven Verhaltenstheorien" von Laucken (Flick, 2014).

Trotz der Annahme einer handlungsleitenden Funktion subjektiver Theorien, kann deren Erforschung nicht den Anspruch erfüllen, Aussagen über das tatsächliche Handeln in der pädagogischen Wirklichkeit zu treffen. Es ist davon auszugehen, dass zwischen den subjektiven Theorien einer Person und ihrem tatsächlichen Handeln in realen Situationen Diskrepanzen feststellbar sind.

5.1.5 Gegenüberstellung der vorgestellten Konzepte und Schlussfolgerungen für die eigene Arbeit

Die erläuterten Konzepte „Einstellungen", „Vorstellungen", „Überzeugungen" und „subjektive Theorien" weisen sowohl sehr viele Gemeinsamkeiten als auch einige Unterschiede auf. Allen vier Konzepten ist gemeinsam, dass ihre Definition den Aspekt der Handlungsorientierung aufweist und dass hinsichtlich der Stärke des Zusammenhangs zwischen dem situativen Handeln und den unterschiedlichen Konzepten widersprüchliche Forschungsbefunde vorliegen.

Unterschiede lassen sich im Hinblick auf die Strukturmerkmale der unterschiedlichen Konzepte feststellen. Die Konzepte „Einstellungen" und „Überzeugungen" enthalten beide sowohl evaluative als auch affektive Komponenten. Überzeugungen werden teilweise als Teilkomponente von Einstellungen beschrieben: „Attitudes (…) possess cognitive (beliefs or knowledge), affective (emotional, motivational), and performance (behavior or action tendencies) components" (Aiken, 1980, S. 2). Diesem Ansatz folgen auch Baumert und Kunter (2006).

Andere Autorinnen und Autoren betonen hingegen die Trennung beider Konzepte (z. B. Pajares, 1992) oder auch ihre gegenseitige Beeinflussung: „Attitudes and beliefs influence one another; what an individual believes to be true about an object (belief) determines how she feels about that object" (Koballa, 1988; Shrigley, Koballa & Simpson, 1988 zitiert nach Maier et al., 2013).

Auch hier tritt wieder die Uneinigkeit über die Begrifflichkeiten zu Tage.

Dem Konzept der Wahrnehmung wird ebenfalls ein Einfluss auf das Verhalten zugeschrieben; hier fehlt jedoch der direkte Bezug zur affektiven und evaluativen Komponente. Ein indirekter Bezug ist jedoch durch den Einfluss der Vorstellung auf die Überzeugungen und Einstellungen und umgekehrt gegeben.

Die subjektiven Theorien scheinen ihrer Definition nach, durch die Analogie zu wissenschaftlichen Theorien, einen Schwerpunkt auf der kognitiven Komponente aufzuweisen. Ein weiterer Unterschied zu den übrigen vorgestellten Konzepten stellt das etablierte Forschungsprogramm von Groeben und Scheele (2010) dar, das eine sehr differenzierte Begriffsdefinition einschließt und ein kleinschrittig vorgegebenes Forschungsdesign umfasst. Weitere Unterschiede lassen sich im Hinblick auf die angewendeten Forschungsmethoden zur Erhebung der Konzepte sowie bezüglich ihrer Verbreitung feststellen (Baston, 2022). Während sich das Forschungsprogramm zur Erhebung subjektiver Theorien vor allem qualitativer Methoden bedient und hauptsächlich im deutschsprachigen Raum durchgeführt wird, werden Einstellungen häufig mit quantitativen Methoden im internationalen Kontext erforscht. Zur Erhebung von Überzeugungen und Vorstellungen finden sowohl qualitative als auch quantitative Verfahren Anwendung.

In der vorliegenden Arbeit wurde der Begriff der „Vorstellungen" gewählt. Damit sind folgende Begriffskomponenten inkludiert: Es geht um die Vorstellungen der Fachkräfte bezüglich des Wesens der Naturwissenschaften und um subjektiven Erfahrungen. Gleichzeitig geht es aber auch um die Vorstellung über frühe naturwissenschaftliche Bildung, was die Haltung und damit auch die evaluativen und affektiven Komponenten einschließt. In Übereinstimmung mit den Arbeiten von N. Kuhn et al. (2012), Hartinger et al. (2006) sowie Kunter et al. (2011) wird der Begriff „Vorstellungen" zudem erweitert und schließt sowohl deklaratives und prozedurales Wissen als auch deklarative und prozedurale Einstellungen und Überzeugungen mit ein.

Im Bereich Mathematik unterscheidet Pehkonen (1995) vier Hauptkategorien, aus denen sich die individuelle Sicht auf Mathematik zusammensetzt (zitiert nach Leder et al., 2002): Einstellungen gegenüber Mathematik (Natur der Mathematik, Charakter von Mathematikaufgaben, Ursprünge mathematischen Wissens), Einstellungen gegenüber sich selbst in Bezug auf Mathematik, Einstellungen gegenüber dem Lehren von Mathematik und schließlich Einstellungen gegenüber dem Lernen von Mathematik.

Für die vorliegende Arbeit wird diese Sichtweise auf den Bereich der frühen naturwissenschaftlichen Bildung übertragen. Es werden die Vorstellungen über Naturwissenschaften erhoben (das Wesen der Naturwissenschaften), die eigene Haltung gegenüber Naturwissenschaften, die Bildungsvorstellungen im Kontext der frühen naturwissenschaftlichen Bildung und der Stellenwert, der der frühen naturwissenschaftlichen Bildung zugewiesen wird.

5.2 Forschungsstand Vorstellungen über naturwissenschaftliche Bildung

Die Erforschung des Zusammenhangs zwischen Überzeugungen und Handeln weist eine lange Tradition sowohl im deutschsprachigen Raum als auch im anglo- amerikanischen Sprachraum, hier unter dem Schlagwort „Belief", für den schulischen Kontext auf (Oser & Blömeke, 2012). Seit den späten 1980er-Jahren findet diese Thematik vor allem auch in den Bereichen Mathematik und Naturwissenschaften große Beachtung (Markic et al., 2008).

Auf der Basis von Kompetenzstrukturmodellen zur Beschreibung professioneller Handlungskompetenz von Physik- und Mathematiklehrkräften wurden neben zahlreichen kleineren Untersuchungen auch Large-Scale-Untersuchungen zur umfassenden Kompetenzmessung in den Fächern Mathematik und Physik realisiert, national etwa mit den Studien COACTIV (Baumert & Kunter, 2011) und MT21 (Blömeke et al., 2008). In den genannten Studien erfolgt die Kompetenzmodellierung in Anlehnung an das empirisch überprüfte Kompetenzmodell von Weinert (2014) (vgl. Abschn. 4.2.1 Kompetenzmodelle im schulischen Kontext).

Auch für den frühpädagogischen Bereich liegen einige Studien im Kontext der Bildungsbereiche Mathematik und Naturwissenschaften vor, wenn auch in weit weniger großem Umfang. Die Forschungstradition zu dieser Thematik weist jedoch noch keine so lange Historie wie im schulischen Kontext auf und es handelt sich zudem hauptsächlich um Studien mit relativ kleinen Stichprobengrößen.

Aus diesem Grund werden neben den Befunden für den frühpädagogischen Bereich auch zentrale Ergebnisse aus dem schulischen Kontext berichtet.

5.2.1 Schulischer Kontext

In den empirischen Untersuchungen zu Überzeugungen von Lehrkräften dominiert häufig eine fachspezifische Operationalisierung. Im Fokus stehen vor allem epistemologische Überzeugungen bezogen auf den Mathematik- oder Naturwissenschaftsunterricht (z. B. Hartinger et al., 2006; Blömeke et al., 2008;. Voss et al., 2011). Epistemologische Überzeugungen sind subjektive Überzeugungssysteme, die sich auf die Struktur des Wissens oder die Struktur des Lernens beziehen. Forgasz und Leder (2008) haben im internationalen Kontext für den Bereich der Mathematikdidaktik den Begriff „Beliefs" geprägt. Eine Übersicht über zentrale Ergebnisse der Belief-Forschung im Zusammenhang mit Mathematikdidaktik findet sich bei Forgasz und Leder (2008).

Als internationale Vergleichsstudien analysieren MT21 und TEDS-M die epistemologischen Überzeugungen angehender Mathematiklehrkräfte (Blömeke et al., 2008). In diesen Untersuchungen wurden zum einen Überzeugungen zur Struktur der Mathematik (dynamisch versus statisch) sowie zum anderen Überzeugungen zum Erwerb mathematischen Wissens (Transmission versus Konstruktion) näher betrachtet. Als ein zentraler Befund wird herausgestellt, dass deutsche Grundschullehrkräfte im internationalen Vergleich besonders stark davon überzeugt sind, dass es sich bei der Mathematik um eine dynamische Wissenschaft handelt. Darüber hinaus streben Grundschullehrkräfte in Deutschland besonders stark eine Anregung verständnisorientierter und kognitiv aktivierender Lernprozesse an (Blömeke et al., 2008). Der Zusammenhang zwischen den Überzeugungen der befragten Lehrpersonen und ihrem pädagogischen Handeln wurde in dieser jedoch Studie nicht erhoben, da sich die Stichprobe aus angehenden Lehrkräften zusammensetzt.

COACTIV untersucht unter anderem die Überzeugungen und die motivationalen Orientierungen angehender Mathematiklehrkräfte für Haupt- und Sekundarschulen als Aspekte professioneller Kompetenz. Dazu wurden sowohl Lehrkräfte als auch Schülerinnen und Schüler befragt.

Als ein zentraler Befund konnte in dieser Studie herausgestellt werden, dass die Überzeugungen von Mathematiklehrkräften für das Unterrichtshandeln und den Lernerfolg in Mathematik bedeutsam sind. Lehrkräfte mit einer konstruktivistischen Überzeugung weisen in dieser Studie eine bessere Unterrichtsqualität und eine damit einhergehende bessere Leistung der Schülerinnen und Schülern auf (Kunter & Voss, 2011).

Auch Kaiser und Maaß (2007) stellen heraus, dass Einstellungen gegenüber Mathematik und dem Unterrichten dieses Fachs sowohl das pädagogische Verhalten der Lehrpersonen als auch den Lernerfolg der betroffenen Schülerinnen und Schüler beeinflussen. Baumert und Kunter (2006) weisen darauf hin, dass die Überzeugungen, die Lehrpersonen über das Lehren und Lernen haben, ihr professionelles Handeln im Unterricht beeinflussen.

Für den naturwissenschaftlichen Bereich liegen neben der „Trends in International Mathematics and Science Study“ (TIMSS) zahlreiche Untersuchungen mit kleineren Stichproben vor. Exemplarisch werden Befunde erläutert, die das Verhältnis zwischen Einstellungen und dem Verhalten von Lehrpersonen im Unterricht zum Gegenstand haben, ohne dass ein Anspruch auf Vollständigkeit erhoben wird.

Riese und Reinhold (2010) untersuchen den Zusammenhang zwischen dem Professionswissen angehender Lehrkräfte und ihren Überzeugungen sowie ihren Selbstwirksamkeitserwartungen. Sie stellen als einen zentralen Befund heraus, dass angemessene wissenschaftstheoretische Vorstellungen durchweg mit hohem Professionswissen in allen Bereichen zusammenhängen. Ebenso geht hohes fachdidaktisches und pädagogisch-psychologisches Wissen mit angemessenen Vorstellungen zum Lehren und Lernen einher. In Bezug auf den Zusammenhang von Wissen und Handeln ergibt die Analyse von Unterrichtsvignetten, dass Fachwissen ebenso wie fachdidaktisches Wissen für das Handeln im Unterricht eine besondere Relevanz hat, wobei vernetztem (Schul-)Wissen auf einem vertieften Niveau gegenüber rein universitärem Fachwissen offenbar die größere Bedeutung beizumessen ist.

Brickhouse (1990) führte Interviews mit Lehrpersonen für naturwissenschaftlichen Unterricht und ergänzte ihre Untersuchung durch teilnehmende Beobachtungen in Unterrichtsstunden der betreffenden Lehrpersonen. Sie kam zu dem Ergebnis, dass zum einen ein Zusammenhang zwischen den Einstellungen der Lehrpersonen und den beobachteten Unterrichtsstunden und zum anderen ein Zusammenhang zwischen den Einstellungen und der impliziten Auswahl naturwissenschaftlicher Themen im Rahmen des Curriculums festgestellt werden konnte.

Mulhall und Gunstone (2012) führten ebenfalls Befragungen von Lehrpersonen in Kombination mit Unterrichtsbeobachtung durch. Sie konnten hingegen feststellen, dass die Antworten, die die Befragten im Interview gaben, nicht mit ihrem Handeln im Unterricht übereinstimmten.

Einen ausführlichen Forschungsüberblick über den Zusammenhang zwischen Überzeugungen und dem Verhalten der Lehrpersonen im naturwissenschaftlichen Unterricht liefert Markic (2008).

Der überwiegende Teil der dargelegten Befunde scheint darauf hinzuweisen, dass ein Zusammenhang zwischen der Haltung der Lehrperson und ihrem pädagogischen Handeln feststellbar ist. Die Forschungsbefunde sind jedoch als heterogen einzustufen und auch bezüglich der Stärke des Zusammenhangs liegen unterschiedliche Befunde vor.

Im schulischen Kontext kommen Köller et al. (2000) auf der Datengrundlage von TIMSS/III zu dem Ergebnis, dass zumindest der Einfluss der Einstellungen der Lehrpersonen auf das Lernen der Schülerinnen und Schüler bis jetzt als nicht empirisch belegt betrachtet werden kann.

Fischler (2004) kommt auf der Grundlage einer Videostudie über den Zusammenhang zwischen verbal geäußerten Absichten und dem tatsächlichen Handeln im Naturwissenschaftsunterricht in Übereinstimmung mit den Befunden von Mulhall und Gunstone (2012) zu dem Ergebnis, dass häufig Diskrepanzen zwischen den zuvor bekundeten Absichten der Lehrpersonen und den getroffenen Entscheidungen im Unterrichtsgeschehen feststellbar sind. Zu vergleichbaren Ergebnissen kommen Kasa et al. (2024) bei einer im Hochschulkontext angesiedelten Untersuchung über den Zusammenhang zwischen den Vorstellungen über das Lehren von Mathematik und der tatsächlichen Umsetzung. Auch hier konnten Widersprüche zwischen den zuvor geäußerten Vorstellungen und der tatsächlichen Durchführung aufgezeigt werden. Die Autorinnen und Autoren stellen heraus, dass eine Vielzahl von Faktoren den Zusammenhang zwischen Vorstellung und Umsetzung beeinflussen, wie beispielsweise das Fachwissen der Lehrperson, ihre Erfahrung und der Kontext, in dem die Lehre stattfindet. Auch für den frühpädagogischen Bereich liegen Befunde zur dargelegten Thematik vor, wenn auch in weit geringerem Umfang, obwohl auch das Forschungsfeld der Professionsentwicklung in der Frühpädagogik seit der Akademisierung des frühpädagogischen Bereichs stärker Beachtung findet (Mischo, 2017).

5.2.2 Frühpädagogischer Kontext

Lange Zeit handelte es sich bei den wenigen im deutschsprachigen Raum angesiedelten Studien im Bereich der naturwissenschaftlichen Bildung hauptsächlich um Evaluationsstudien von Fortbildungsmaßnahmen für pädagogische Fachkräfte (z. B. Zimmermann & Welzel, 2006; Bolte et al., 2009). In diesen Studien wurden die Einstellungen der Fachkräfte gegenüber den Naturwissenschaften erhoben. Die Ergebnisse der aufgeführten Studien lassen sich dergestalt zusammenfassen, dass ein großer Teil der befragten pädagogischen Fachkräfte naturwissenschaftlichen Themen, vor allem aus den Bereichen der Physik und anorganischen Chemie, eher kritisch gegenübersteht und sich der Behandlung dieser Themen in der Praxis nicht gewachsen fühlt. Der Anteil naturwissenschaftlicher Inhalte in der Ausbildung zur Erzieherin beziehungsweise zum Erzieher wird von den Befragten als sehr gering eingeschätzt.

Darüber hinaus existierten groß angelegte, allgemein gehaltene und nicht auf einen bestimmten Bildungsbereich fokussierte internationale Studien, wie die Längsschnittuntersuchung „Effective Provision of Pre-School Education" (Sylva et al., o. J.), in der allgemein die Interaktionsprozesse zwischen Fachkräften und Kindern in Kindertageseinrichtungen erhoben werden, die daran anknüpfende detaillierte Studie „Effective Pedagogy in the Early Years" von Siraj-Blatchford et al. (2002), die „National Institute of Child Health and Human Development" (NICHD)-Studie (NICHD Early Child Care Research Network, 2002), welche den Zusammenhang zwischen der kindlichen Entwicklung und der Qualität der Kinderbetreuung allgemein in den Blick nimmt, sowie die dazugehörige nationale Untersuchung zur Bildung, Betreuung und Erziehung in der frühen Kindheit (NUBBEK) (Tietze et al., 2013).

Mit der Entwicklung von Kompetenzmodellen für den frühpädagogischen Bereich (z. B. Fröhlich-Gildhoff et al., 2011, siehe Abschn. 4.2.2 „Kompetenzmodelle im frühpädagogischen Kontext") geht eine Zunahme von Studien einher, die die Haltung der pädagogischen Fachkräfte als eine Facette des Kompetenzbegriffs in den Blick nehmen und in den Kontext unterschiedlicher Bildungsbereiche stellen. Eine Zusammenfassung des Forschungsstands bezüglich des Zusammenhangs zwischen Haltung und Performanz findet sich beispielsweise in Mischo (2024). Analog zum schulischen Kontext weisen auch diese Untersuchungen heterogene Befunde auf. In den Untersuchungen wurden unterschiedliche Aspekte der Haltung in den Blick genommen. In diesem Kapitel werden sowohl Ergebnisse für den naturwissenschaftlichen als auch für den mathematischen Bereich exemplarisch berichtet. Die Darstellung der Ergebnisse orientiert sich an den in Abschn. 5.1.5 „Gegenüberstellung der vorgestellten Konzepte und Schlussfolgerung für die eigene Arbeit" dargelegten Teilaspekten von Vorstellungen. In den dargelegten Studien wurden zum Teil mehrere Teilaspekte der Vorstellungen berücksichtigt. Zu dem Bereich der eigenen Haltung gegenüber den Naturwissenschaften liegen relativ umfassende Forschungsbefunde vor, wohingegen zu den anderen Bereichen weniger Ergebnisse vorliegen.

Vorstellungen über das Wesen der Naturwissenschaften

Befunde über Vorstellungen zum Wesen der Naturwissenschaften liegen für den schulischen Kontext umfassend vor und sind unter anderem den Arbeiten von Lederman et al. (2002) zu entnehmen. Eine Darlegung der zentralen Ergebnisse findet sich in Abschn. 2.2 „Das Wesen der Naturwissenschaften". N. Kuhn et al. (2012) erheben in ihrer Studie zu den Vorstellungen pädagogischer Fachkräfte zum Lernen von Naturwissenschaften auch die Vorstellungen über das Wesen der Naturwissenschaften. Sie kommen zu dem Ergebnis, dass die meisten befragten Fachkräfte die Vorstellungen von naturwissenschaftlichem Wissen als endgültiges Wissen, bei dem es nur eine richtige Lösung und einen Lösungsweg gibt, ablehnen.

Eigene Haltung gegenüber Naturwissenschaften
Grundschullehrkräften und pädagogischen Fachkräften wird oftmals eine eher distanzierte Haltung gegenüber den Naturwissenschaften vor allem gegenüber den Bereichen der unbelebten Natur nachgesagt (z. B. Cho et al., 2003; Prenzel et al., 2003). Im folgenden Abschnitt werden exemplarisch Studienergebnisse berichtet, die die Haltung der pädagogischen Fachkräfte als potenzielle Einflussfaktoren in den Fokus stellen.

Jenßen et al. (2020) untersuchen den Zusammenhang zwischen Mathematikangst bei angehenden Fachkräften und der Wahrnehmung mathematischer Lerngelegenheiten im Alltag. Die Ergebnisse deuten unter anderem auf bedeutsame indirekte Effekte von Mathematikangst hin, die über das mathematische Fachwissen und das mathematikdidaktische Wissen sowie die mathematikbezogene Situationswahrnehmung vermittelt werden. Es konnte gezeigt werden, dass Freude und Interesse an Mathematik einen direkten positiven Einfluss auf die Fähigkeit frühpädagogischer Fachkräfte haben, Mathematik in Spielsituationen zu erkennen.

Ebenfalls im Kontext der frühen mathematischen Bildung steht die Untersuchung von Kluczniok et al. (2011). Hier wurde der Zusammenhang zwischen den Einstellungen der Fachkräfte und der kindlichen Kompetenzentwicklung im Bereich Mathematik untersucht. Dabei wird als wesentlicher Befund herausgestellt, dass die Fördereinstellungen positiv mit der Prozessqualität korrelieren und die Einstellung zu grundlegender Förderung positiv mit der Entwicklung früher numerischer Kompetenzen zusammenhängt.

In der „Studie zur Naturwissenschaftlichen Kompetenzentwicklung im Elementarbereich" (SNaKE) wurden pädagogische Fachkräfte unter anderem zu den Aspekten Selbstkonzept und Interesse im Zusammenhang mit Naturwissenschaften befragt (N. Kuhn et al., 2012). In Übereinstimmung mit anderen Studienergebnissen (Prenzel & Doll, 2002) gibt die Mehrheit der befragten Fachkräfte an, sich in ihrer Schulzeit für Biologie interessiert zu haben. Die Fächer Physik und Chemie schneiden jedoch deutlich schlechter ab. Die Befunde zum aktuellen Interesse der befragten Fachkräfte an Naturwissenschaften wird hingegen deutlich positiver angegeben, wobei sich mehr als ein Drittel auch in Bezug zum aktuellen Interesse an den Naturwissenschaften eher negativ äußert.

Als ein weiterer zentraler Befund in dieser Untersuchung wird herausgestellt, dass die Fachkräfte ihre Fähigkeiten, mit Kindern naturwissenschaftlichen Fragestellungen nachzugehen, als deutlich positiver einschätzen, als ihre Fähigkeit naturwissenschaftliche Zusammenhänge zu verstehen. Es konnte eine Korrelation zwischen Interesse, naturwissenschaftlichem Selbstkonzept und didaktischem Selbstkonzept nachgewiesen werden.

Internationale Befunde aus dem sprachlichen Kontext weisen auf einen positiven Zusammenhang zwischen der Selbstwirksamkeitserwartung frühpädagogischer Fachkräfte und der Qualität der Gestaltung von Lerngelegenheiten im frühpädagogischen Kontext hin (Guo et al., 2010). Des Weiteren zeigen Studienergebnisse, dass eine niedrige Selbstwirksamkeitserwartung dazu führen kann, dass naturwissenschaftliche Lerngelegenheiten vermieden werden (z. B. Erden & Sönmez, 2011; Larsson, 2016).

Cho et al. (2003) befragten frühpädagogische Fachkräfte aus New York City zu ihrer Haltung gegenüber naturwissenschaftlichen Angeboten im Kita-Alltag. Ziel der Studie war es, ein reliables und valides Messinstrument zu entwickeln. Als Ergebnis der Studie kann herausgestellt werden, dass Ängste und Vorbehalte gegenüber der eigenen Durchführung naturwissenschaftlicher Angebote in der Kita bestehen. Die Sicht der Fachkräfte darauf, wie naturwissenschaftlichen Fragestellungen mit Kindern nachgegangen werden kann, kann dahingehend zusammengefasst werden, dass der Schwerpunkt nicht darauf gelegt wird, naturwissenschaftliche Gesetze durch Demonstrationsversuche den Kindern nahezubringen, sondern dass die Kinder an Aktivitäten wie dem Sieben von Flüssigkeiten und dem Anlocken von Insekten teilhaben. Nach Angaben der befragten Fachkräfte kann Zeit als ein wesentlicher Gelingensfaktor herausgestellt werden. Es wird kein vertieftes naturwissenschaftliches Fachwissen benötigt, sondern eher Wissen zum praktischen Vorgehen.

Während ein großer Teil der Studien auf eine eher gering ausgeprägte Motivation der Fachkräfte im Bereich der Naturwissenschaften hinweist (z. B. Erden & Sönmez, 2011; Maier et al., 2013) lassen die Befunde der Studie „Early Steps into Science“ auf ein hohes Interesse und einen Enthusiasmus im Hinblick auf das Nachgehen naturwissenschaftlicher Fragestellungen mit Kindern im Kita-Alter schließen (Steffensky et al., 2018). Die Autorinnen der Studie begründen das abweichende Ergebnis mit den Besonderheiten der zugrunde gelegten Stichprobe, die sich aus überdurchschnittlich vielen Kitas mit naturwissenschaftlichem Schwerpunkt zusammensetzt.

Stellenwert, der der frühen naturwissenschaftlichen Bildung zugewiesen wird
Die Befunde der Studie von N. Kuhn et al. (2012) weisen darauf hin, dass die befragten pädagogischen Fachkräfte die Bedeutung des frühen naturwissenschaftlichen Lernens als sehr positiv einschätzen. Zu einem vergleichbaren Ergebnis kommen auch Drexl et al. (2019), die Fachschülerinnen und Fachschüler zu ihren Einstellungen bezüglich der Naturwissenschaften befragten. Auch in dieser Studie wird herausgestellt, dass die befragten Personen ein eher geringes Interesse an Naturwissenschaften sowie ein niedriges naturwissenschaftliches Selbstkonzept aufweisen, dem naturwissenschaftlichen Lernen aber einen hohen Stellenwert zuweisen. Zu diesen beiden Befunden ist anzumerken, dass sie auf Angaben von pädagogischen Fachkräften basieren, die sich freiwillig zur Teilnahme an einer Studie zur frühen naturwissenschaftlichen Bildung bereit erklärt haben. Somit ist von einer gewissen Affinität gegenüber Naturwissenschaften auszugehen.

In der internationalen OECD-Studie „Starting Strong Teaching and Learning" (TALIS Starting Strong) (Seybel, 2022) wurden die teilnehmenden pädagogischen Fachkräfte und Leitungen dazu befragt, welche Kompetenzen bei Kindern im Alter von bis zu drei Jahren beziehungsweise ab drei Jahren besonders zu fördern sind. Hier wurden absteigend nach Relevanz die Bereiche Sprache, Exploration, soziales Lernen und Motorik benannt. Exploration wurde dabei als die Fähigkeit verstanden, sich Dinge neu zu erschließen und zu erforschen, motiviert durch die eigene Neugierde. Nach dieser Definition wäre der Bereich der frühen naturwissenschaftlichen Bildung diesem Aspekt zuzuordnen. Die Kompetenz „Exploration" erhielt von den pädagogischen Fachkräften mit 85,4 Prozent für den U3-Bereich und 84,2 Prozent für den Ü3-Bereich eine hohe Zustimmung (Seybel, 2022, S. 191).

In der Teilstudie, die sich auf die Arbeit mit Kindern ab drei Jahren bezieht, wurden die Fachkräfte ebenfalls nach der Wichtigkeit von zu fördernden Kompetenzen bei Kindern befragt. Die Ergebnisse weisen darauf hin, dass der Förderung eines grundlegenden Verständnisses naturwissenschaftlicher Konzepte nur von weniger als 30 Prozent der teilnehmenden Fachkräfte und von etwas mehr als 50 Prozent der befragten Leitungen eine hohe Wichtigkeit zugewiesen wird. Die Befragung erfolgte mit Hilfe einer Likert-Skala, bei der Mehrfachnennungen möglich waren. Die Operationalisierung erfolgte anhand kindlicher Fähigkeiten, die die Befragten im Hinblick auf ihre Wichtigkeit einschätzen sollten. Die Dimension „Förderung der frühen naturwissenschaftlichen Fähigkeiten" umfasst ein Verständnis grundlegender naturwissenschaftlicher Konzepte wie beispielsweise die Veränderung von Aggregatzuständen wie Schmelzen oder Gefrieren.

Die Ergebnisse erscheinen zunächst widersprüchlich. Sie lassen sich dahingehend interpretieren, dass der Unterstützung des Erwerbs schulrelevanter Fähigkeiten eine geringere Bedeutung zugewiesen wird, dem Verständnis früher naturwissenschaftlicher Bildung als Welterschließung aber eine höhere Bedeutung.

Im internationalen Vergleich weisen die Studienergebnisse auf ein länderübergreifendes Muster hin: Eine hohe empfundene Wichtigkeit einer bestimmten Kompetenz geht in allen Ländern mit einer höheren Häufigkeit von förderlichen Praktiken in diesem Bereich einher.

Für die Bereiche Sprachentwicklung, frühes Lesen und Schreiben oder frühe Mathematik konnte darüber hinaus auf der Grundlage der Teilstudien U3 und Ü3 von „TALIS Starting Strong" herausgestellt werden, dass pädagogische Fachkräfte mit spezifischen Fort- und Weiterbildungen zu den Themen im Durchschnitt häufiger über Praktiken in den entsprechenden Bereichen berichten (Seybel, 2022). Zu vergleichbaren Ergebnissen kommen auch Steffensky et al. (2018) für den Bereich der frühen naturwissenschaftlichen Bildung.

Der Zusammenhang zwischen den Inhalten von Aus-, Fort- und Weiterbildungen und der Häufigkeit von Praktiken in den entsprechenden Bereichen konnte auch im internationalen Vergleich nachgewiesen werden. Die Ergebnisse von Regressionsanalysen für alle Länder zeigen, dass eine wiederholte Beschäftigung mit einem Thema, darunter wird die Behandlung eines Themas sowohl in der Ausbildung als auch in der Fort- und Weiterbildung in den letzten 12 Monaten vor der Befragung verstanden, signifikant positiv mit einer größeren Häufigkeit von adaptiven Praktiken assoziiert ist (OECD, 2020).

Neben dem Einfluss von Aus-, Fort- und Weiterbildungen zu bestimmten Themenbereichen ist professionelles Handeln im pädagogischen Kontext jedoch immer auch von den strukturellen Rahmenbedingungen, wie beispielsweise der Gruppengröße, sowie von situativen Kontextfaktoren abhängig. Das heißt, es macht für die Entfaltung der Kompetenz einer Fachkraft einen Unterschied, ob sie sich in der Interaktion mit mehreren Kindern oder in einer Eins-zu-eins-Interaktion befindet (Seybel, 2022).

Bildungsvorstellungen im Kontext früher naturwissenschaftlicher Bildung

Der Aspekt der pädagogischen Orientierungen wurde von Mischo et al. (2012) untersucht. Die Arbeit steht jedoch nicht konkret im Kontext früher naturwissenschaftlicher Bildung, sondern es wurde das allgemeine Bildungsverständnis angehender frühpädagogischer Fachkräfte erhoben (siehe Abschn. 3.2 Bildungsvorstellungen und Handlungskonzepte pädagogischer Fachkräfte). N. Kuhn et al. (2012) und Steffensky et al. (2018) untersuchen diesen Aspekt im Kontext der frühen naturwissenschaftlichen Bildung. Die Befunde weisen auf eher ko-konstruktivistische Bildungsvorstellungen der befragten pädagogischen Fachkräfte hin.

Auch Mey et al. (2012) untersuchen die Sichtweise pädagogischer Fachkräfte auf naturwissenschaftliche Bildungsprozesse. Dazu wählen sie ein triangulierendes Studiendesign bestehend aus Interviews und Beobachtungen. Sie kommen zu dem Ergebnis, dass sich das Aufgreifen der Themen der Kinder als Ausgangspunkt einer Bildungssituation in den Beobachtungsprotokollen nicht so oft abbildet, wie es die in den Interviews geäußerten Vorstellungen vermuten lassen. Während sich als Ergebnisse der geführten Interviews die Vorstellungen von der Fachkraft als impulsgebende Partnerin oder impulsgebender Partner sowie als gleichberechtigte Interaktionspartnerinnen und Interaktionspartner neben den Kindern und als Beobachtende und Unterstützende kindlicher Bildungsprozesse wiederfinden lassen, lässt sich dieses Rollenverständnis den Beobachtungsprotokollen nicht entnehmen. Hier zeigt sich häufig ein instruktionspädagogisches Vorgehen, das die Autorinnen und Autoren als widersprüchlich zu dem geäußerten Bildungsverständnis einordnen.

Neben den pädagogischen Orientierungen ist auch die Art der Realisierung naturwissenschaftlicher Lerngelegenheiten von Bedeutung. Hier kann zwischen Experimenten und Alltagssituationen, in denen ein naturwissenschaftliches Phänomen zu beobachten ist, unterschieden werden (Leuchter, 2010). Lankes et al. (2011) analysieren didaktische Materialien für das frühe naturwissenschaftliche Lernen. Sie kommen zu dem Schluss, dass hauptsächlich Experimente vorgeschlagen werden. Bezüge zum kindlichen Erfahrungsraum und Anregungen zu Gesprächen über das zu beobachtende Phänomen finden sich dagegen nur selten. Eine Befragung von Fachkräften weist darauf hin, dass diese sich eher in der Lage sehen, Experimente durchzuführen, als naturwissenschaftlich relevante Phänomene im Alltag zu erkennen und als Lernanlass aufzugreifen (Lankes et al., 2011). Steffensky et al. (2012) stellen in einer Untersuchung über den Vergleich des Wissenszuwachses bei Kindern in Alltagssituationen und Experimenten heraus, dass sich eine Kombination aus Experimenten und Gesprächen über Alltagssituationen als besonders geeignet für das naturwissenschaftliche Lernen erweist. Das Durchführen von Experimenten mit nur wenigen Bezügen zum Erfahrungsraum der Kinder führt hingegen dazu, dass das Potenzial des frühen naturwissenschaftlichen Lernens nicht genutzt wird.

Den Aspekt des Stellenwerts von Fachwissen für die pädagogische Arbeit von Fachkräften untersuchen Oppermann et al. (2016) für den Bereich Mathematik. Die Befunde dieser Untersuchung weisen darauf hin, dass mathematisches Fachwissen für die Wahrnehmung mathematischer Inhalte im kindlichen Spiel und die

Analyse mathematischer Lernsituationen bedeutsam ist. Diesen beiden Aspekten kommt im Rahmen frühkindlicher Bildung eine große Bedeutung zu, da Lernsituationen typischerweise aus Alltagssituationen sowie aus dem Interesse von Kindern heraus entstehen. Auch die Autorinnen und Autoren der Studie „Early Steps into Science" (Steffensky et al., 2018) kommen zu dem Ergebnis, dass sich naturwissenschaftliche Kompetenz und insbesondere motivationale Kompetenzaspekte positiv auf die Häufigkeit naturwissenschaftlicher Bildungsangebote auswirken. Zudem wird ein positiver Wirkungszusammenhang mit der Prozessqualität herausgestellt. Zu vergleichbaren Ergebnissen kommen auch Anders und Roßbach (2015). Sie stellen heraus, dass Freude und Interesse an Mathematik einen direkten positiven Einfluss auf die Fähigkeit frühpädagogischer Fachkräfte haben, Mathematik in Spielsituationen zu erkennen.

Teil I
EMPIRISCHER TEIL DER ARBEIT

Das Forschungsvorhaben hat zum Ziel, die Vorstellungen pädagogischer Fachkräfte bezüglich früher naturwissenschaftlicher Bildung zu erfassen. Dabei wurden die folgenden Aspekte in den Blick genommen: Vorstellungen über das Wesen der Naturwissenschaften, die eigene Haltung gegenüber Naturwissenschaften, die Vorstellungen über den Stellenwert der frühen naturwissenschaftlichen Bildung sowie Bildungsvorstellungen im Kontext der frühen naturwissenschaftlichen Bildung.

Hierzu wurde ein triangulierendes Design entwickelt, das sich aus zwei Untersuchungsteilen zusammensetzt.

Zum einen werden in einem qualitativen Teilprojekt (Teilprojekt A) die Bildungsvorstellungen pädagogischer Fachkräfte im Kontext früher naturwissenschaftlicher Bildung rekonstruiert. Zum anderen werden in einem quantitativ einzuordnenden Teilprojekt (Teilprojekt B) die eigene Haltung gegenüber Naturwissenschaften, die Vorstellungen über das Wesen der Naturwissenschaften, die Vorstellungen über den Stellenwert naturwissenschaftlicher Bildung sowie ergänzend noch einmal die Bildungsvorstellungen im Kontext früher naturwissenschaftlicher Bildung erfasst.

Die Methoden werden insofern trianguliert, als dass die Ergebnisse der Dokumentenanalyse aus Teilprojekt A in die Fragebogenkonstruktion für Teilprojekt B des Forschungsprojektes einfließen. Zudem werden die Befunde aus beiden Teilprojekten gemeinsam diskutiert.

Die Forschungsziele, das methodische Vorgehen sowie die Ergebnisse der beiden Teilprojekte werden zunächst getrennt berichtet und in dem Kapitel Diskussion der Ergebnisse und Einordnung in den Forschungsstand zusammengeführt.

Teilprojekt A: Bildungsvorstellungen pädagogischer Fachkräfte im Kontext der frühen naturwissenschaftlichen Bildung

6

6.1 Ziele der Untersuchung

Um die Bildungsvorstellungen pädagogischer Fachkräfte im Bereich der frühen naturwissenschaftlichen Bildung zu erheben, wurden Projektberichte eines Kita-Wettbewerbs im MINT-Bereich analysiert. Die Struktur der Projektberichte wurde durch einen Fragebogen im Vorfeld festgelegt. Zusätzlich wurden weitere Daten mithilfe des Fragebogens erhoben. Es fließen insgesamt 605 Berichte in die Untersuchung ein. Für die Analyse der Projektberichte sind folgende Fragestellungen leitend:

- Welche Bildungsvorstellungen lassen sich aus den Projektbeschreibungen der Fachkräfte ableiten?
- Welche Bildungsvorstellungen lassen sich aus den Antworten der Fachkräfte im Fragebogen entnehmen?
- Stimmen die geäußerten Bildungsvorstellungen im Fragebogen mit den Vorstellungen überein, die sich anhand der Projektberichte rekonstruieren lassen?

Die Projektbeschreibungen und die Antworten der Befragten aus den weiterführenden Fragen werden dahingehend analysiert, in welcher Rolle die Fachkräfte sich selbst beschreiben, welche Rolle den Kindern im Kontext naturwissenschaftlicher Bildungsprozesse zugeschrieben wird, welche dieser Vorstellungen sich in den beschriebenen Praktiken wiederfinden lassen und wie das Verhältnis zwischen den beschriebenen Praktiken und Vorstellungen ist. Dabei wird im Sinne einer „internen Kritik" ein besonderes Interesse auf mögliche interne Brüche zwischen den Vorstellungen und den beschriebenen Praktiken der pädagogischen Fachkräfte gelegt.

L.-M. Kraska, *Naturwissenschaftliche Bildung in Kindertageseinrichtungen*,
https://doi.org/10.1007/978-3-658-51059-6_6

Darüber hinaus wird untersucht, welche übergeordneten naturwissenschaftlichen Konzepte Berücksichtigung finden und ob sich Hinweise bezüglich der Vorstellungen zum Wesen der Naturwissenschaften den Projektbeschreibungen entnehmen lassen.

6.2 Forschungsfragen

Um die Vorstellungen der teilnehmenden pädagogischen Fachkräfte über kindliche Bildungsprozesse im Bereich Natur zu rekonstruieren und den Ergebnissen einer Analyse des beschriebenen pädagogischen Handelns der Fachkräfte gegenüberzustellen, werden drei Aspekte in den Blick genommen, die miteinander in Beziehung stehen:

1. Rolle des Kindes im Bildungsprozess
2. Rolle der Fachkraft im Bildungsprozess
3. Themenwahl und Umsetzung des Projektes

Zu den drei oben angeführten Aspekten wurden jeweils Forschungsfragen entwickelt, die auf der Grundlage des zur Verfügung stehenden Materials beantwortet werden.

1. *Rolle des Kindes*
   - Welche Rolle wird dem Kind indirekt durch die Fachkraft im beschriebenen Projekt zugewiesen?
     - Durch wen und auf welche Weise wurde das Projekt initiiert?
     - Welche Partizipationsmöglichkeiten haben die Kinder während des Projektverlaufs?
2. *Rolle der Fachkraft im Bildungsprozess*

   - In welcher Rolle beschreibt die Fachkraft sich selbst im dargestellten Projekt?
   - Welches Rollenverständnis der pädagogischen Fachkraft lässt sich aus der beschriebenen Handlung ableiten?
   - Welches Rollenverständnis lässt sich aus den Antworten im Fragebogen ableiten?
   - Gibt es „interne Brüche" zwischen der eigenen Rollenzuweisung und dem Rollenverständnis, das sich aus der beschriebenen Handlung und den Angaben im Fragebogen ableiten lässt?

Vergleich der Rolle des Kindes und der Rolle der Fachkraft

- Ist die Rolle, in der sich die Fachkraft selbst beschreibt, und die Rolle des Kindes innerhalb der einzelnen Projektbeschreibungen eher als ergänzend oder eher als widersprüchlich einzuordnen?

3. *Themenwahl und Umsetzung des Projektes*
   - Welchen Themenbereichen und übergeordneten Konzepten lassen sich die Projekte zuordnen?
   - Welche didaktischen Methoden werden im Projekt angewendet?
   - Welche Aspekte des Wesens der Naturwissenschaften werden direkt oder indirekt in den Projektbeschreibungen thematisiert?

6.3 Untersuchungsdesign

Die Beschreibung des Untersuchungsdesigns setzt sich aus der Beschreibung der Stichprobe, der spezifischen Datengrundlage, der verwendeten Auswertungsmethode sowie der Reflexion der Gütekriterien zusammen.

6.3.1 Datengrundlage

Der „Forschergeistwettbewerb" ist ein bundesweiter Kita-Wettbewerb der Deutschen Telekom Stiftung und der Stiftung Kinder forschen (ehemals Stiftung „Haus der kleinen Forscher") mit dem Ziel, besonders gelungene Projekte aus den Bereichen Naturwissenschaften, Technik oder Mathematik zu prämieren und damit das Engagement der pädagogischen Fachkräfte wertzuschätzen. Der in Deutschland höchstdotierte Kita-Wettbewerb wurde im Jahr 2011 initiiert und fand dann im Turnus von zwei Jahren insgesamt fünfmal bis zum Jahr 2020 statt (Forschergeist Wettbewerb, 2020). Die vorliegenden Daten entstammen dem Forschergeistwettbewerb aus dem Jahr 2016. Die Datengrundlage setzt sich aus 605 Projektbeschreibungen zusammen, die anhand einer vorgegebenen Struktur in Form von Leitfragen von den teilnehmenden pädagogischen Fachkräften angefertigt wurden, um sie beim Kita-Wettbewerb „Forschergeist" einzureichen.

Folgende Kriterien wurden der Bewertung der Projekte durch die Wettbewerbsjury zugrunde gelegt und auch bereits im Ausschreibungstext transparent gemacht: Die Projekte sollten einen naturwissenschaftlichen, mathematischen oder technischen Schwerpunkt haben, zum weiteren gemeinsamen Forschen und Entdecken anregen, dabei unterschiedliche Aspekte eines Themas berücksichtigen und möglichst mehrere Bildungsbereiche berühren.

Den teilnehmenden pädagogischen Fachkräften wurde im Vorfeld des Wettbewerbs ein Bewerbungsbogen zugesendet, in dem die Struktur der zu berichtenden Inhalte durch einen Fragebogen vorgegeben wurde. Dieser Fragebogen umfasst insgesamt 14 Seiten und enthält unter anderem Fragen zum Anlass des Projekts, zur Umsetzung der Forschungsaktivität, zur Einordnung des Projektthemas, zur Anzahl und zum Alter der beteiligten Kinder sowie zur Beschreibung der eigenen Rolle im Projekt.

Die für die Datenanalyse wesentlichen Gliederungspunkte und konkreten Fragen des Bewerbungsbogens werden in Abschn. 6.4 „Ergebnisse" berichtet.

6.3.2 Stichprobe

Die Ausschreibung des Wettbewerbs erfolgte deutschlandweit und trägerunabhängig. Dementsprechend setzt sich die Stichprobe aus den Projektbeschreibungen pädagogischer Fachkräfte aus ganz Deutschland zusammen. Bundesweit nahmen 605 Kitas an dem Wettbewerb teil. Entsprechend liegen 605 Berichte zur Auswertung vor. Die Daten wurden bei der Aufbereitung anonymisiert, das heißt, es ist zum Beispiel keine Zuordnung der Daten nach Bundesländern möglich.

6.3.3 Methodenbeschreibung

In der sozialwissenschaftlichen Forschung stellen Dokumente in ihren unterschiedlichen Erscheinungsformen eine der wesentlichen Informationsquellen dar, um Forschungsfragen nachgehen zu können (Mayring & Brunner, 2013). Für die vorliegende Arbeit wurden als Dokumente die Projektberichte des Kita-Wettbewerbs „Forschergeist" zugrunde gelegt und mit der Methode der Dokumentenanalyse ausgewertet. Wolff (2010, S. 503) definiert Dokumente im Rahmen einer Dokumentenanalyse als „standardisierte Artefakte, insoweit sie typischerweise in bestimmten Formaten auftreten: als Aktennotizen, Fallberichte, Verträge, Entwürfe, Totenscheine, Vermerke, Tagebücher, Statistiken, Jahresberichte, Zeugnisse, Urteile, Briefe oder Gutachten".

Wie aus dieser Definition hervorgeht, sind die Daten, die für eine Dokumentenanalyse genutzt werden, häufig unabhängig vom Untersuchungskontext, da sie in der Regel nicht zu Forschungszwecken entstanden sind. Das Verfahren der Dokumentenanalyse findet in der einschlägigen Methodenliteratur eine eher geringe Berücksichtigung und seine Position ist im Feld der empirischen Sozialforschung unklar. Weder scheint es eindeutig zu sein, ob dieses Verfahren eher den qualitativen oder eher den quantitativen Methoden zuzuordnen ist, noch, ob es sich um eine Erhebungs- oder Auswertungsmethode handelt (Hoffmann, 2018).

Der analytischen Auswertung von Dokumenten geht die Entwicklung von Fragestellungen und Hypothesen voran. Die der vorliegenden Untersuchung zugrunde liegenden Fragestellungen sind Abschnitt 6.2 „Forschungsfragen" zu entnehmen. Für die Auswertung der Daten kommen Verfahren der Interpretation zur Anwendung, wobei im sozialwissenschaftlichen Kontext auf drei unterschiedliche Verfahren zurückgegriffen wird: Geistes- und kulturwissenschaftliche Verfahren, die sich hermeneutischer Herangehensweisen bedienen (z. B. Objektive Hermeneutik), sprachwissenschaftliche Verfahren, in denen linguistische Auswertungskriterien zur Anwendung kommen (z. B. Diskursanalyse) und kommunikationswissenschaftliche Verfahren, in denen inhaltsanalytische Verfahren im Zentrum stehen (Mayring, 2015). Zur Interpretation der vorliegenden Daten wurde auf Verfahren der Inhaltsanalyse und damit auf ein kommunikationswissenschaftliches Verfahren zurückgegriffen.

Häufig wird die Dokumentenanalyse in der Methodenliteratur als eine spezifische Form der Inhaltsanalyse dargestellt (Lamnek, 1995). Die wesentlichen Aspekte inhaltsanalytischer Verfahren sind im folgenden Kapitel dargelegt.

Inhaltsanalytische Verfahren

Früh (2017, S. 29) definiert die Inhaltsanalyse als

> „...eine empirische Methode zur systematischen, intersubjektiv nachvollziehbaren Beschreibung inhaltlicher und formaler Merkmale von Mitteilungen, meist mit dem Ziel einer darauf gestützten interpretativen Inferenz auf mitteilungsexterne Sachverhalte".

Mit dieser Definition verweist Früh auf drei Hauptmerkmale inhaltsanalytischer Verfahren.

1. Eine empirische Methode: Es handelt sich demnach um ein Vorgehen, das von durch Wahrnehmung gewonnenen Erfahrungen ausgeht und diese systematisch erfasst und auswertet. Eine Zuordnung zu qualitativen oder quantitativen Methoden wird nicht vorgenommen.

2. Systematisch: Dieses Merkmal verweist zum einen auf ein klar strukturiertes Vorgehen beim Umsetzen der Forschungsaufgabe in eine konkrete Forschungsstrategie. Zum anderen forciert es ein strukturiertes Vorgehen bei der Arbeit am Datenmaterial.
3. Intersubjektiv nachvollziehbar: Damit wird das Gütekriterium der „Objektivität" eingefordert, das sich auf die Offenlegung des Vorgehens bezieht. Dadurch werden die Ergebnisse „reproduzierbar, kommunizierbar und kritisierbar" (Früh 2017, S. 42).

Obwohl allgemein inhaltsanalytische Verfahren vorwiegend unter dem Namen „qualitative Inhaltsanalyse" gefasst werden, umfassen sie sowohl qualitative als auch quantitative Aspekte (Mayring, 2015; Früh, 2017).

Die Identifizierung inhaltlicher Textmerkmale ist zunächst als ein qualitativer Analyseschritt zu bezeichnen. Auf diesen folgt meist ein quantifizierender Aspekt. Damit sind qualitative und quantitative Anteile widerspruchsfrei verbunden.

Mayring (2015) führt als Unterscheidungsmerkmal zwischen der qualitativen und quantitativen Inhaltsanalyse unter anderem das Skalenniveau an, indem er alle Analysen, die auf nominal skalierten Messungen basieren, der qualitativen Analyse und alle Analysen, die auf höher skalierten Messungen basieren, der quantitativen Analyse zuordnet. In der vorliegenden Arbeit wird einheitlich der Begriff „qualitative Inhaltsanalyse" verwendet. Dies impliziert sowohl qualitative als auch quantitative Analyseschritte. Die qualitative Inhaltsanalyse hat das Ziel, trotz größerer Textmengen die Individualität der einzelnen Textstellen zu berücksichtigen (Früh, 2017). Hierzu wurden unterschiedliche Verfahren entwickelt.

Im Wesentlichen kann zwischen drei Grundtechniken inhaltsanalytischer Verfahren differenziert werden (Kuckartz, 2016; Mayring, 2015):

1. Frequenzanalyse: Inhaltlich strukturierende Verfahren, in denen Fälle und Kategorien gebildet werden. Das breite Spektrum reicht von vollständig induktiver bis zu weitgehend deduktiver Kategorienbildung.
2. Valenz- und Intensitätsanalysen: Evaluative Verfahren, in denen Inhalte eingeschätzt, klassifiziert und bewertet werden.
3. Kontingenzanalysen: Typenbildende Verfahren, die der Identifizierung mehrdimensionaler Muster dienen.

Die Auswertung der vorliegenden Dokumente erfolgt mittels einer Frequenzanalyse. Im Zentrum steht dabei die Erarbeitung eines Kategoriensystems. Hierfür wurde in Abhängigkeit von den forschungsleitenden Fragestellungen sowohl eine deduktive als auch eine induktive Kategorienanwendung gewählt. Das konkrete Vorgehen zur Beantwortung der Forschungsfragen sowie das jeweils erarbeitete Kategoriensystem wird im folgenden Abschnitt berichtet.

6.3.4 Reflexion der Gütekriterien

Für den Bereich der qualitativen Sozialforschung stellt Flick (2014, S. 411) heraus, dass es „...keine einheitliche Diskussion über einen allgemein akzeptierten Kriterienansatz gibt". Die Gütekriterien einer qualitativen Inhaltsanalyse umfassen die Aspekte Nachvollziehbarkeit, Triangulation und Reliabilität (Mayring, 2015). Als ein wesentliches Merkmal der qualitativen Inhaltsanalyse kann eine starke Orientierung an Regeln und die Erstellung eines Kategoriensystems herausgestellt werden. Durch dieses Vorgehen können die Ergebnisse als intersubjektiv nachvollziehbar eingeschätzt werden. Das Vorgehen zur Entwicklung der Kategoriensysteme wird in Abschnitt 6.4 „Ergebnisse" beschrieben. Damit kann das erste Gütekriterium als erfüllt angesehen werden. Unter „Triangulation" ist im Kontext der qualitativen Inhaltsanalyse eine Vergleichbarkeit der erzielten Befunde mit den Ergebnissen bereits vorliegender Studien zu verstehen (Mayring, 2015). Die Erfüllung dieses Gütekriteriums ist Abschn. 8.1 Teilprojekt A zu entnehmen.

Das Gütekriterium der Reliabilität umfasst die Intercoderreliabilität (Mayring, 2015). Um diese zu gewährleisten, wurden nach endgültiger Erstellung des Kategoriensystems die vorliegenden Daten von drei Kodierenden unabhängig voneinander in das Kategoriensystem eingeordnet und im Hinblick auf Übereinstimmung überprüft. In einigen wenigen Fällen, in denen keine Übereinstimmung vorlag, wurden die Fälle wiederholt von allen drei Kodierenden diskutiert und eine Einigung erzielt.

6.4 Ergebnisse

Rolle des Kindes

Um zu analysieren, welche Rolle die teilnehmenden Fachkräfte den Kindern im beschriebenen Bildungsprozess zuweisen, wurden die Antworten auf die folgenden Fragen des vorgelegten Fragebogens in den Blick genommen und ausgewertet (Forschergeist Wettbewerb, 2016):

- Bitte beschreiben Sie, was der Anlass der Forschungsaktivität war bzw. wie es zu der Forschungsaktivität kam. (offene Frage)

- Bitte beschreiben Sie, wie genau und in welchen Schritten die Kinder sich mit der Forschungsaktivität auseinandergesetzt haben. (offene Frage)
- Bitte beschreiben Sie Ihre Rolle als Lernbegleitung während der Forschungsaktivität und wie Sie als Lernbegleitung die Kinder im Forschungsprozess unterstützt haben. (offene Frage)
- Wie wurde ausgewählt, welchen Fragestellungen innerhalb der Forschungsaktivität die Kinder und Sie nachgegangen sind? (geschlossene Frage)
- Wenn sich für die Kinder im laufenden Forschungsprozess andere Fragestellungen aufgeworfen haben, hatten sie dann die Möglichkeit, diesen eigenen Fragestellungen nachzugehen?

Da die Fachkräfte nicht direkt nach der Rolle des Kindes im Bildungsprozess befragt wurden, wurden die Aspekte „Initiierung des Projektes", „Partizipation der Kinder am Projektverlauf" und die Handlungsmöglichkeiten der Kinder innerhalb der Projekte in den Blick genommen und als Indikatoren für die Rolle des Kindes interpretiert.

Initiierung des Projektes
Im Sinne eines induktiven Vorgehens werden auf Basis der Projektbeschreibungen nach zwei Materialdurchgängen folgende vier Kategorien der Projektinitiierung entwickelt, deren Beschreibungen und Ankerbeispiele Tabelle 6.1 zu entnehmen sind:

- Kategorie 1: Ein Kind spricht ein Thema direkt an oder/und bringt Materialien zu einem Thema mit in die Kita.
- Kategorie 2: Die pädagogische Fachkraft nimmt im Kita-Alltag wahr, dass es ein Thema gibt, das die Kinder gerade beschäftigt und nimmt dieses Thema als Anlass für ein Projekt.
- Kategorie 3: Die Fachkraft bzw. die Fachkräfte tragen ein Thema an die Kinder heran.
- Kategorie 4: Das Projektthema wird von extern an die Kinder und die Fachkräfte herangetragen.

Eine Analyse der vorliegenden Berichte auf Grundlage der beschriebenen vier Kategorien erbrachte folgende Ergebnisse:

Tabelle 6.1 Kategorienbeschreibungen Projektinitiative

Kategorie (Initiative für das Projekt)	Vom Kind ausgehend	Fachkraft greift beobachtetes Interesse auf	Von der Fachkraft ausgehend	Von Externen ausgehend
Beschreibung der Kategorie	Fragen/Themen werden vom Kind eingebracht und direkt formuliert.	Fachkraft schließt durch Beobachtung der Kinder auf das Thema, das die Kinder gerade beschäftigt.	Die Auswahl des Themas wird von den Fachkräften festgelegt.	Die Auswahl des Themas wird von außen an die Fachkräfte und Kinder herangetragen.
Ankerbeispiel	„Ein Kind hat eine Maispflanze mit in die Einrichtung gebracht. Im Forscherraum wurde diese Pflanze von einigen Kindern genau untersucht, abgemessen, unter dem Mikroskop angesehen …" (Projektnr. 14670)	„Die Mondfinsternis wurde in unserer KiTa im Livestream beobachtet. Die Kinder beschäftigte dieses Thema sehr. Aus diesem Grund wollten wir mit den Kindern den Hintergrund erforschen." (Projektnr. 14860)	„Die Herausforderung war: große Kristalle zu züchten. Anregung dazu waren Fotos von ‚Jugend forscht'. Kollegin war dort mit Sohn …" (Projektnr. 14713)	„Unser Bildungs-partner, die Firma R., möchte mit den Kindern einen solarbetriebenen Katamaran bauen." (Projektnr. 14862)

Quelle: Kraska, 2019, S. 127

Abbildung 6.1 ist zu entnehmen, dass 60,7 Prozent der teilnehmenden Fachkräfte das Projektthema ausgewählt haben, weil sie bei den Kindern ein entsprechendes Interesse beobachtet haben. Ein Viertel der Fachkräfte (25,6 Prozent) hat sich für ein Projektthema entschieden, ohne dass sie im Vorfeld Interesse für dieses Thema bei den Kindern wahrgenommen haben. Knapp 10 Prozent entschieden sich für ein Projektthema, nachdem ein oder mehrere Kinder dieses Thema direkt angesprochen oder als eigenes Projekt initiiert haben. 4 Prozent der Fachkräfte haben sich für das entsprechende Projektthema entschieden, nachdem das Thema von extern an sie herangetragen wurde. In 10 Fällen konnte bei der

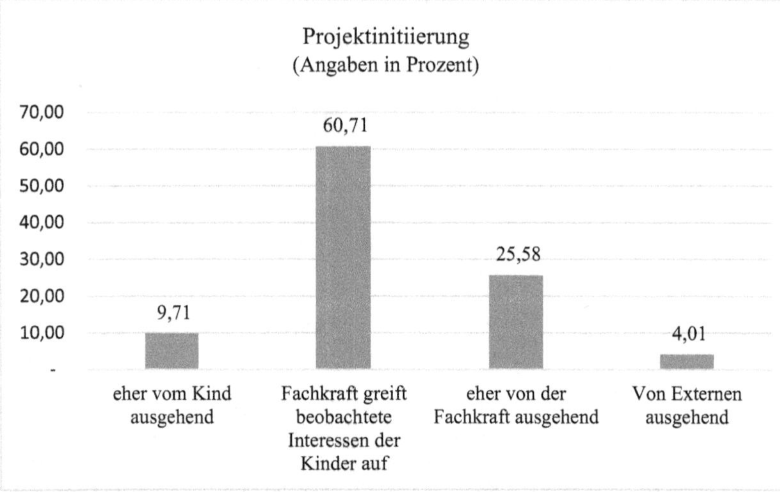

Abbildung 6.1 Projektinitiierung

Auswertung nicht zweifelsfrei entschieden werden, auf wen die Projektinitiierung zurückzuführen war.

Darüber hinaus wurden die Fachkräfte in dem vorgelegten Fragebogen in einer geschlossenen Frage dazu befragt, wie sie auf das Thema der Forschungsaktivität gekommen sind. Hierbei waren Mehrfachnennungen möglich. Am häufigsten genannt wurden folgende Antwortalternativen:

77,9 Prozent geben an, dass der aktuelle Bezug und die Lebenswelt mit ausschlaggebend für die Themenwahl waren.

72,9 Prozent, dass das Thema durch die Anregung eines Kindes oder einer Kindergruppe entstanden ist, 26,6 Prozent, dass das Thema durch den Vorschlag einer Pädagogin oder eines Pädagogen entstanden ist und 67,1 Prozent haben angekreuzt, dass die Themenwahl durch die Beobachtung eines Kindes oder einer Kindergruppe erfolgte. Die Antworten der Fachkräfte auf die geschlossene Frage, wie sie auf das Thema des Projektes gekommen sind, stimmen mit den Ergebnissen, die auf der Grundlage einer Analyse der Projektberichte gewonnen wurden, überein.

Die Rolle des Kindes bei Projektplanung und -durchführung

Um auf der Grundlage der beschriebenen Projektverläufe zu analysieren, inwieweit die teilnehmenden Kinder an der Projektplanung und -durchführung beteiligt wurden, konnten nach Materialdurchgang induktiv drei Kategorien gebildet werden. Zwischen drei Partizipationsgraden kann differenziert werden: hoher Beteiligungsgrad, mittlerer Beteiligungsgrad und niedriger Beteiligungsgrad. Die Beschreibungen und die entsprechenden Ankerbeispiele der einzelnen Kategorien sind Tabelle 6.2 zu entnehmen.

Tabelle 6.2 Kategorienbeschreibung Partizipation der Kinder am Projektverlauf

Kategorie	*Hoher Beteiligungsgrad*	*Mittlerer Beteiligungsgrad*	*Niedriger Beteiligungsgrad*
Beschreibung der Kategorie	Die Fachkraft unterstützt die Kinder in ihrem Vorhaben durch das Bereitstellen von Materialien etc. Das Vorgehen wird von den Kindern bestimmt.	Die Fachkräfte planen gemeinsam mit den Kindern das Vorgehen.	Das Vorgehen wird (fast) ausschließlich durch die Fachkraft vorgegeben.
Ankerbeispiel	„Die Kinder verwirklichten die Pläne, die sie im Kopf hatten.“(Projektnr.15259)	„… haben wir mit den Kindern gemeinsam beschlossen, einen noch unfertig gestalteten Raum in einen Welt-Raum umzugestalten.“ (Projektnr. 15279)	Thema: „Kristallisieren von chemischen Elementen. Planung des Projektes in 13 Einheiten: Einheit 1: – Regeln besprechen mit den Kindern – Salzkristalle werden mit einer Lupe genau angeschaut – Anrühren einer gesättigten Salzlösung = > Faden hineinhängen …“ (Projektnr. 14713)

Eine Analyse des vorliegenden Materials ergibt folgende Zuordnung der Projektbeschreibungen zu den drei erläuterten Kategorien:

Abbildung 6.2 zeigt, dass auf der Grundlage der Projektbeschreibungen fast die Hälfte (48 Prozent) der Projekte in die Kategorie „mittlerer Partizipationsgrad“ und etwas mehr als ein Drittel (36 Prozent) in die Kategorie „niedriger

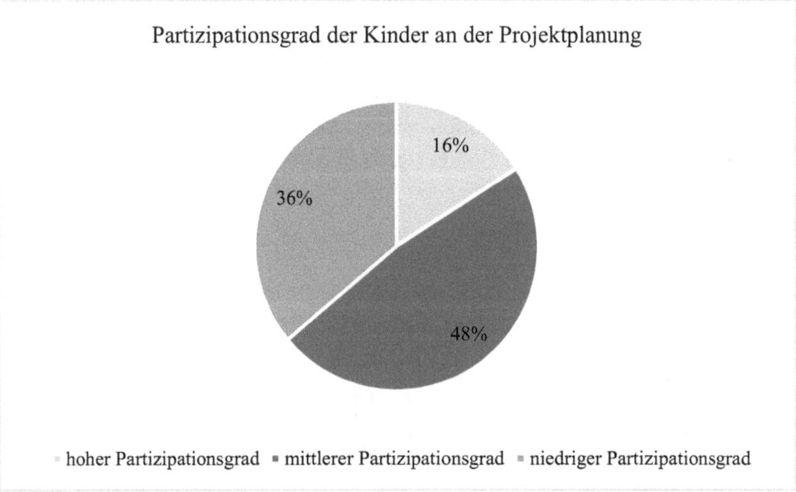

Abbildung 6.2 Partizipationsgrad der Kinder an der Projektplanung. (Quelle: Kraska, 2019, S. 128)

Partizipationsgrad" zuzuordnen sind. In 16 Prozent der eingereichten Projekte weisen die Beschreibungen darauf hin, dass die Kinder das Vorgehen im Projekt weitestgehend selbst bestimmt haben.

Die Sichtung der Forschungsberichte hinsichtlich des Partizipationsgrades der Kinder am Projekt wurde durch eine konkrete Fragestellung an die pädagogischen Fachkräfte ergänzt. Dabei wurde erhoben, wie die Fragestellungen ausgewählt wurden, denen innerhalb der Forschungsaktivität nachgegangen wurde. Es standen die Antwortalternativen „von den Pädagoginnen/den Pädagogen", „eine Frage, die von mehreren Kindern genannt wurde", „es wurde abgestimmt welcher Kinderfrage nachgegangen werden sollte", „die Kinder konnten alleine oder in Gruppen ihren eigenen Fragestellungen nachgehen" oder die Kategorie „Sonstiges" zur Verfügung. Aus Tabelle 6.3 wird ersichtlich, dass 26 Prozent der Befragten angeben, dass die Kinder alleine oder in Gruppen ihren eigenen Fragestellungen nachgehen konnten, 23,5 Prozent, dass eine Frage ausgewählt wurde, die von mehreren Kindern genannt wurde, und 21 Prozent, dass abgestimmt wurde, welcher Kinderfrage nachgegangen werden sollte. 13,1 Prozent geben an, dass im Projekt die vorbereiteten Fragen der Pädagoginnen und Pädagogen leitend waren. Die Auswertung ergibt eine Diskrepanz zwischen der Einordnung des Partizipationsgrades hinsichtlich der Projektplanung auf Grundlage der Projektberichte und den Ergebnissen der direkten Befragung. Die Ergebnisse der direkten Befragung weisen bei 13,1 Prozent auf einen niedrigen Partizipationsgrad hin („Es wurde den von Pädagoginnen und Pädagogen vorbereiteten Fragen nachgegangen"). Nach eigenen Angaben ist bei 47 Prozent ein hoher Partizipationsgrad („Die Fragen der Kinder wurden gesammelt und in einer Abstimmung ausgewählt." und „Die Kinder konnten alleine oder in Gruppen ihren eigenen Fragestellungen nachgehen.") und bei 23,5 Prozent ein mittlerer Partizipationsgrad („es wurden Fragen ausgewählt, die von mehreren Kindern genannt wurden.") gegeben.

Tabelle 6.3 Auswahl der Fragestellungen innerhalb der Forschungsaktivität

	Häufigkeit	Gültige Prozente
Es wurde den von den Pädagoginnen und Pädagogen vorbereiteten Fragen nachgegangen.	79	13,1
Es wurde eine Frage ausgewählt, die von mehreren Kindern genannt wurde.	142	23,5
Die Fragen der Kinder wurden gesammelt und in einer Abstimmung ausgewählt.	127	21,0
Die Kinder konnten alleine oder in Gruppen ihren eigenen Fragestellungen nachgehen.	157	26,0
In folgender anderer Form:	100	16,5
Gesamt	605	100,0

Eine weitere halboffene Frage im vorgelegten Fragebogen, die ebenfalls Aufschluss über die Partizipation der Kinder am Projektverlauf gibt, ist die Frage, ob die Kinder im laufenden Forschungsprozess die Möglichkeit hatten, eigenen, abweichenden Fragestellungen nachzugehen, wenn sie andere Fragestellungen aufgeworfen haben. Diese Frage beantworten 99 Prozent mit „Ja" und nur 1 Prozent mit „Nein". Auch dieses Ergebnis bestätigt die Diskrepanz zwischen den Angaben im Fragebogen und den Beschreibungen der Projektdurchführungen.

Der Beteiligungsgrad der Kinder wird auch durch die Wahl des Settings bestimmt. So können Kinder durch verschiedene Methoden in den Projektverlauf einbezogen werden, wie beispielsweise beim freien Explorieren. Gleichsam können Kinder, je nach Vorgehen der pädagogischen Fachkräfte, eingeschränkt werden, wie beispielsweise durch vorgefertigte Vorführexperimente.

Aus diesem Grund wurde als Ergänzung das methodische Vorgehen im Projekt analysiert. Hierfür wurden deduktiv, mit Bezug auf Steffensky (2017) und Köster (2006), Kategorien entwickelt und nach einem ersten Materialdurchgang begründet angepasst. Zwischen folgenden drei Kategorien kann differenziert werden (vgl. Tabelle 6.4):

Tabelle 6.4 Kategorien methodisches Vorgehen im Projekt

Kategorie	*Angeleitetes Experimentieren*	*Freies Explorieren*	*Vorführexperiment*
Beschreibung der Kategorie	Kinder werden durch die Fachkräfte zu thematisch passenden Experimenten angeleitet.	Kinder haben Materialien zur Verfügung und können damit frei explorieren.	Es werden den Kindern thematisch passende Experimente durch die Fachkräfte oder Expertinnen und Experten vorgeführt.

Quelle: Kraska (2019), S. 128

Die Projektbeschreibungen wurden dahingehend analysiert, welche Settings die beschriebenen Projekte enthalten. Da in den beschriebenen Aktivitäten häufig unterschiedliche Methoden zum Einsatz kamen, sind die nachfolgenden Angaben als Mehrfachnennungen zu verstehen.

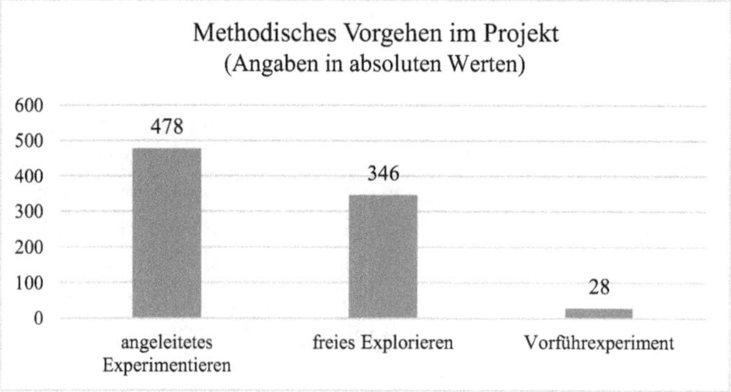

Abbildung 6.3 Methodisches Vorgehen im Projekt. (Quelle: Kraska (2019), S. 134)

Abbildung 6.3 ist zu entnehmen, dass auf die Methode des angeleiteten Experimentierens in 478 der 603 analysierten Projektbeschreibungen zurückgegriffen wurde, gefolgt vom freien Explorieren, das in 346 der beschriebenen Projekte eingesetzt wurde, sowie dem Vorführexperiment, das in 28 Fällen zum Einsatz kam. Die teilnehmenden Fachkräfte wurden auch im vorgelegten Fragebogen dazu befragt, in welcher Form sie gemeinsam mit den Kindern die Forschungsaktivität umgesetzt haben. Bei dieser Frage waren Mehrfachnennungen möglich.

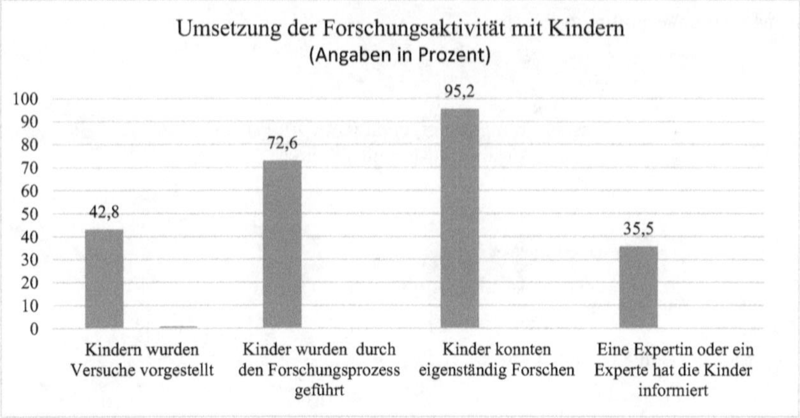

Abbildung 6.4 Umsetzung der Forschungsaktivität mit Kindern

Abbildung 6.4 ist zu entnehmen, dass 42,8 Prozent angeben, dass den Kindern Versuche durch die Pädagoginnen und Pädagogen vorgestellt wurden, 72,6 Prozent, dass die Kinder von den Pädagoginnen und Pädagogen durch den Forschungsprozess geführt wurden, 95,2 Prozent, dass die Kinder eigenständig forschen und ausprobieren konnten und 35,5 Prozent, dass eine Expertin oder ein Experte die Kinder zum Thema der Forschungsaktivität informiert hat.

Rolle der Fachkraft

Die teilnehmenden Fachkräfte wurden in dem vorgelegten Fragebogen mit einer offenen Frage dazu aufgefordert, ihre eigene Rolle im Projekt zu beschreiben. Hierzu wurde folgende Formulierung gewählt: „Bitte beschreiben Sie Ihre Rolle als Lernbegleitung während der Forschungsaktivität und wie Sie als Lernbegleitung die Kinder im Forschungsprozess unterstützt haben.“ (Forschergeist Wettbewerb, 2016). Die verwendeten Begriffe zur Beschreibung der eigenen Rolle durch die Fachkräfte wurden zunächst kategorisiert, in einer Kontingenztabelle abgebildet und in einem letzten Schritt interpretiert. Dabei wurden sowohl direkte Nennungen der unten aufgeführten Begriffe gezählt, als auch synonyme oder verwandte Bezeichnungen, wie beispielsweise „Impulsgeberin/Impulsgeber" und „Anregerin/Anreger" oder „Organisatorin/Organisator" und „Rahmengeberin/Rahmengeber". Wurde derselbe Begriff mehrfach in einer Beschreibung verwendet, wurde er nur einfach gezählt. In vielen Projektbeschreibungen wurden zur Beschreibung der eigenen Rolle unterschiedliche Begriffe verwendet. Aus diesem Grund handelt es sich bei den in Abbildung 6.5 dargestellten Ergebnissen um Mehrfachnennungen.

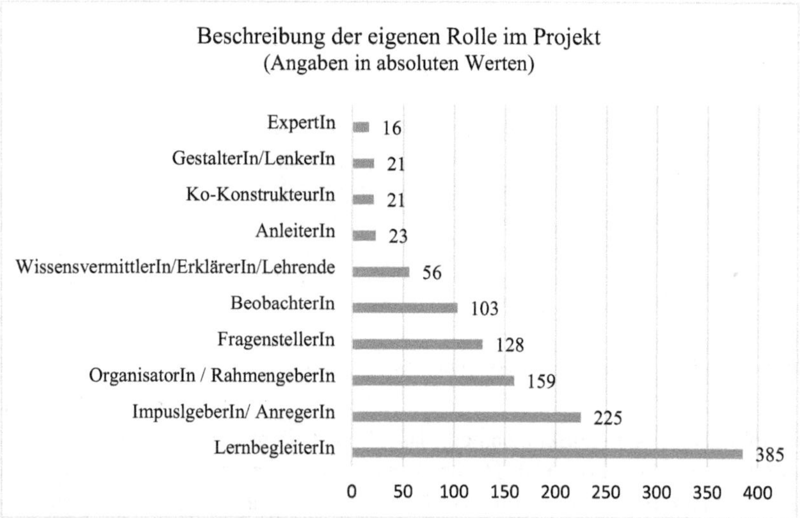

Abbildung 6.5 Beschreibung der eigenen Rolle im Projekt. (Quelle: Kraska (2019), S. 130)

Aus Abbildung 6.5 wird ersichtlich, dass der in der Fragestellung verwendete Begriff „LernbegleiterIn" mit 385 Nennungen am häufigsten Verwendung findet. Die weiterhin am häufigsten angeführten Rollenbeschreibungen sind „ImpulsgeberIn/AnregerIn" in 225 der 605 vorliegenden Beschreibungen, „OrganisatorIn/RahmengeberIn" in 159, „FragenstellerIn" in 128, „BeobachterIn" in 103 und „WissensvermittlerIn/ErklärerIn/Lehrende" in 56 der vorliegenden Beschreibungen. Ebenfalls genannt wurden die Begriffe „AnleiterIn" (23 Nennungen), „Ko-KonstrukteurIn" (21 Nennungen), „GestalterIn/LenkerIn" (21 Nennungen) und „ExpertIn" (16 Nennungen).

Im vorgelegten Fragebogen wurden die Fachkräfte weiterhin nach der Art ihrer Unterstützung der Kinder im Forschungsprozess befragt. Hierbei handelt es sich um eine halboffene Frage mit den in Tabelle 6.5 dargestellten Antwortalternativen. Auf die Möglichkeit von Mehrfachnennungen wurde hingewiesen.

Tabelle 6.5 Art der Unterstützung durch die Fachkraft im Forschungsprozess

Art der Unterstützung durch die Fachkraft im Forschungsprozess	Zustimmung in Prozent
Die Kinder wurden bei der Benutzung der Instrumente und Materialien unterstützt.	85,8 %
Im Gespräch wurde auf die eigenen Forschungsfragen der Kinder eingegangen.	85,3 %
Die Kinder wurden aufgefordert, ihren eigenen Ideen/Fragen nachzugehen.	79,7 %
Den Kindern wurden Fragen zu den benötigten Materialien gestellt.	75, 2 %
Es wurden Fragen zu dem geplanten Vorgehen der Kinder gestellt.	72,9 %
Die Kinder wurden aufgefordert, eigenständig Versuche durchzuführen.	70,6 %
Mit den Kindern wurden ihre Versuchsanordnungen besprochen.	52,4 %
Den Kindern wurden alternative Vorgehensweisen aufgezeigt.	45,6 %

Aus den dargestellten Ergebnissen wird deutlich, dass nach Angaben der Fachkräfte die Art der Unterstützung der Kinder im Forschungsprozess hauptsächlich im Bereitstellen benötigter Materialien, im Aufgreifen der Kinderfragen und in der kognitiven Unterstützung bestand. Dieses Ergebnis steht im Einklang mit den Konzepten, die mit einigen der häufig genannten Begriffe zur Beschreibung der eigenen Rolle wie „LernbegleiterIn" oder „OrganisatorIn" verbunden sind.

Komparative Analyse der Rolle der Fachkraft und des Kindes
Während in den vorhergehenden Abschnitten die Rolle des Kindes und die Rolle der Fachkräfte im beschriebenen Forschungsprozess getrennt voneinander berichtet werden, werden die Ergebnisse in diesem Abschnitt komparativ analysiert. Es wird dabei im Sinne einer „internen Kritik" herausgearbeitet, ob die Rollenbeschreibungen innerhalb der einzelnen Projektbeschreibungen eher als ergänzend oder eher als widersprüchlich einzuordnen sind.

Den Beschreibungen der eigenen Rolle im Forschungsprozess durch die Fachkräfte (vgl. Abbildung 6.5) ist zu entnehmen, dass 385 Personen (64 Prozent) der teilnehmenden Fachkräfte sich selbst als „LernbegleiterIn“, 225 Personen (37 Prozent) als „ImpulsgeberIn“ und 103 Personen (17 Prozent) als „BeobachterIn“ verstehen. Mit diesen Begriffen werden Bildungsvorstellungen assoziiert, die ein aktives, sich selbst bildendes Kind ins Zentrum stellen. Auf diese Bildungsvorstellungen verweisen auch die Antworten auf die geschlossenen Fragen nach der Art der Unterstützung der Kinder im Forschungsprozess (vgl. Tabelle 6.5), die hauptsächlich im Bereitstellen geeigneter Materialien und in der kognitiven Unterstützung der Kinder im Forschungsprozess bestehen.

Die Analyse der Projektbeschreibungen im Hinblick auf die Partizipation der Kinder bei der Projektplanung und -durchführung weist darauf hin, dass in nahezu der Hälfte der vorliegenden Berichte (48 Prozent) (vgl. Abbildung 6.2) das Vorgehen im Projekt von Kindern und Fachkräften gemeinsam geplant wird, die Ziele jedoch von den Fachkräften vorgegeben werden. In mehr als einem Drittel (36 Prozent) der vorliegenden Projektbeschreibungen wird das Vorgehen fast ausschließlich durch die Fachkräfte vorgegeben.

Eine vertiefende Analyse weist darauf hin, dass in 107 der vorliegenden 605 Projektbeschreibungen (18 Prozent) die Fachkraft sich selbst als UnterstützerIn oder LernbegleiterIn bezeichnet. Die beschriebene Handlung lässt jedoch den Schluss zu, dass das Vorgehen im Projekt fast ausschließlich durch die Fachkraft gesteuert wird.

Einordnung der Projektthemen

Die Themen der Projekte wurden sowohl durch die Kinder als auch durch die Fachkräfte oder in Einzelfällen durch das Herantragen durch außenstehende Personen bestimmt (vgl. Abbildung 6.1). Die Ausschreibungsrichtlinien des Wettbewerbs gaben vor, dass die eingereichten Projekte ein Thema behandeln, das Mädchen und Jungen für Fragen aus den Bereichen Mathematik, Informatik, Naturwissenschaften und Technik begeistert. Der überwiegende Teil der vorliegenden Projekte (74 Prozent) thematisiert naturwissenschaftliche Fragestellungen.

Die naturwissenschaftlichen Projektthemen wurden der Logik der Fachdidaktiken folgend strukturiert. Es wird entsprechend zwischen den Bereichen der belebten und unbelebten Natur differenziert (vgl. Abschnitt 2.3.3 „Inhalte früher naturwissenschaftlicher Bildung“).

Überschneidende Themen, wie beispielsweise Themen, die dem übergeordneten Konzept der Energie zuzuordnen sind, wurden sowohl dem Bereich der belebten als auch der unbelebten Natur zugeordnet. Dabei wurde auf der Grundlage der Arbeit von Steffensky (2017) von folgender Kategoriendifferenzierung ausgegangen (vgl. Tabelle 6.6):

Tabelle 6.6 Themenzuordnung belebte und unbelebte Natur

Themenzuordnung	
Belebte Natur	Unbelebte Natur
Alle Themen zu Vorgängen und Zuständen, an denen Lebewesen beteiligt sind (biotisch).	Themen zu Vorgängen und Zuständen, in einem Ökosystem, an denen keine Lebewesen beteiligt sind (abiotisch).

Abbildung 6.6 ist zu entnehmen, dass sich 153 der 605 vorliegenden Berichte der Kategorie „Sonstiges“ zuordnen lassen. Dieser Bereich umfasst vor allem die Bereiche Mathematik und Informatik. Von den verbleibenden 453 Projekten sind 203 der belebten Natur und 333 der unbelebten Natur zuzuordnen. Die Angaben sind als Mehrfachnennungen zu verstehen.

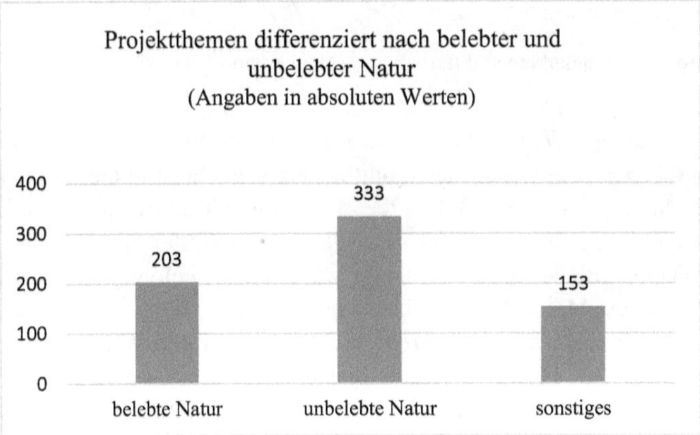

Abbildung 6.6 Projektthemen differenziert nach belebter und unbelebter Natur

Die Projektthemen wurden darüber hinaus den übergeordneten Konzepten, die sich an der amerikanischen Rahmenkonzeption naturwissenschaftlicher Bildung orientieren (Steffensky, 2017), zugeordnet. Es handelt sich dabei um die Kategorien Evolution, Vererbung, Ökosystem, Lebewesen, Energie, Schwingungen und

Wellen, Kräfte und Wechselwirkungen und Materie. Einige Projektthemen lassen sich mehreren übergeordneten Konzepten zuordnen. Aus diesem Grund sind die Angaben in Abbildung 6.7 als Mehrfachnennungen zu verstehen.

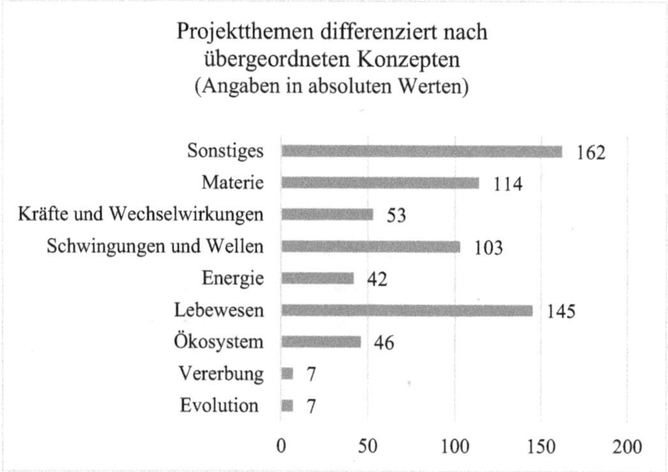

Abbildung 6.7 Projektthemen differenziert nach übergeordneten Konzepten

Aus Abbildung 6.7 geht hervor, dass alle übergeordneten Konzepte in den Projektbeschreibungen Berücksichtigung finden, wenn auch in unterschiedlichem Maße. So lassen sich in den Projektbeschreibungen Themen, die dem Konzept „Lebewesen“ zuzuordnen sind, mit 145 Fällen am häufigsten wiederfinden, wobei hier das Thema „Biene“ am häufigsten gewählt wurde, gefolgt von 114 Themen, die dem Konzept „Materie“ zuzuordnen sind. Ebenfalls häufig vertreten sind Themen aus dem übergeordneten Konzept „Schwingungen und Wellen“ (103 Fälle), wobei das häufigste Thema in dieser Kategorie auf den Themenkomplex Licht, Schatten und Farben entfällt. In etwa gleich häufig gewählt wurden Themen aus den übergeordneten Konzepten „Kräfte und Wechselwirkungen“ (53 Fälle), „Ökosystem“ (46 Fälle) und Energie (42 Fälle). Mit jeweils 7 Fällen vergleichsweise wenig gewählt wurden Themen aus den Kategorien „Vererbung“ oder „Evolution“. In 162 Projektbeschreibungen wurden Themen berücksichtigt, die sich keinem der übergeordneten Konzepte zuordnen lassen.

Thematisierung spezifischer Eigenschaften der Naturwissenschaften in den Projektbeschreibungen
Wie Abschnitt 2.2.1 „Nature of Science – zentrale Aspekte“ zu entnehmen ist, werden als spezifische Eigenschaften der Naturwissenschaften folgende Aspekte benannt:

- Kreativität und Vorstellungskraft
- Methodenvielfalt
- Unterscheidung zwischen Gesetzen und Theorien
- Vorläufigkeit und Veränderlichkeit
- Soziale und kulturelle Einbettung
- Unterscheidung zwischen Beobachtungen und Schlussfolgerungen
- Subjektivität des Forschenden im Erkenntnisprozess

Folgende dieser Aspekte finden sich direkt oder indirekt in einem Teil der Projektbeschreibungen wieder: Kreativität und Vorstellungskraft, die Unterscheidung zwischen Beobachtung und Schlussfolgerungen bei der Erkenntnisgewinnung sowie die Vielfältigkeit der Methoden im Erkenntnisprozess. Alle weiteren Aspekte werden in keinem der beschriebenen Projekte berücksichtigt.

7 Teilprojekt B: Vorstellungen über frühe naturwissenschaftliche Bildung

7.1 Ziele der Untersuchung

Ergänzend zur Dokumentenanalyse wurden Daten mithilfe einer Fragebogenuntersuchung erhoben.

Folgende Aspekte bilden die Leitgedanken für eine ergänzende Datenerhebung in Form einer Fragebogenuntersuchung:

- Die Befunde der Dokumentenanalyse weisen darauf hin, dass sich Diskrepanzen zwischen den normativen und analytischen Konzepten der teilnehmenden pädagogischen Fachkräfte erkennen lassen. Die Frage nach der Sichtweise auf kindliche Bildungsprozesse wird in der Fragebogenuntersuchung aufgegriffen und vertiefend analysiert.
- Bei der Kohorte der Fachkräfte handelt es sich um eine Positivauswahl, die freiwillig an einem themenspezifischen Wettbewerb teilgenommen haben. Entsprechend ist davon auszugehen, dass die Teilnehmenden der frühen naturwissenschaftlichen Bildung eine hohe Bedeutung beimessen.
- Den zugrundeliegenden Berichten ist nur teilweise zu entnehmen, ob, inwieweit und auf welche Weise sich die Fachkräfte in das gewählte Thema fachwissenschaftlich eingearbeitet haben und welcher Stellenwert dem Fachwissen im Hinblick auf die Bereitschaft, mit Kindern Fragestellungen aus dem Bereich Natur nachzugehen, zugeschrieben wird.
- Die Frage nach den Vorstellungen über das Wesen der Naturwissenschaften als ein potenzieller Einflussfaktor auf die Gestaltung naturwissenschaftlicher Lernsituationen kann auf der Grundlage der Dokumentenanalyse nur unzureichend beantwortet werden.

L.-M. Kraska, *Naturwissenschaftliche Bildung in Kindertageseinrichtungen*,
https://doi.org/10.1007/978-3-658-51059-6_7

Wie in Abschnitt 5.1.5 Gegenüberstellung der vorgestellten Konzepte und Schlussfolgerungen für die eigene Arbeit dargelegt, werden unter dem Begriff „Vorstellungen" in der vorliegenden Arbeit die Vorstellungen über das Wesen der Naturwissenschaften, die Einstellungen gegenüber Naturwissenschaften, die Bildungsvorstellungen im Kontext der frühen naturwissenschaftlichen Bildung sowie welcher Stellenwert der frühen naturwissenschaftlichen Bildung zugewiesen wird, verstanden. Auf der Grundlage der Dokumentenanalyse können nur Teilaspekte über die Vorstellungen pädagogischer Fachkräfte über Naturwissenschaften beantwortet werden. Die weiteren Aspekte werden mithilfe der Fragebogenuntersuchung erhoben.

Aus Datenschutzgründen war es nicht möglich, dieselben Fachkräfte, die die Projektbeschreibungen für den Forschergeistwettbewerb verfasst haben, im Nachhinein mit einem zusätzlichen Fragebogen zu befragen. Es liegen also beiden Untersuchungen unterschiedliche Stichproben zugrunde.

Der Fragebogenerhebung ging ein Pretest voraus, der mit Studierenden des Studiengangs „Pädagogik der Kindheit" an der Pädagogischen Hochschule Karlsruhe durchgeführt wurde.

7.2 Forschungsfragen und Hypothesen

Aus dem in den Kap. 2 bis 5 erläuterten theoretischen Hintergrund sowie aus den dargestellten Befunden der Dokumentenanalyse (vgl. Abschnitt 6.4 „Ergebnisse") lassen sich folgende Hypothesen und Forschungsfragen für die einzelnen Aspekte des Konstrukts „Vorstellungen über frühe naturwissenschaftliche Bildung" ableiten.

Vorstellungen über das Wesen der Naturwissenschaften

- Welche Vorstellungen haben pädagogische Fachkräfte bzgl. der Aspekte Gültigkeit und Veränderlichkeit wissenschaftlicher Theorien?
- Welche Vorstellungen haben Fachkräfte über den Zusammenhang zwischen wissenschaftlichen Theorien und Gesetzen?

Eigene Haltung gegenüber Naturwissenschaften/Selbstkonzept

- Das Gefühl, nicht über genügend Fachwissen zu verfügen, führt zu dem Ergebnis, dass Fachkräfte naturwissenschaftliche Lerngelegenheiten vermeiden (z. B. Larsson, 2016, Möller et al., 2004).

- Pädagogische Fachkräfte haben eine eher distanzierte Haltung zu den Naturwissenschaften, vor allem im Bereich der unbelebten Natur (z. B. Prenzel et al., 2003; N. Kuhn et al., 2012).
- Pädagogische Fachkräfte fühlen sich im Bereich der naturwissenschaftlichen Bildung unzureichend ausgebildet (Sylva et al., 2007).
- Wie schätzen pädagogische Fachkräfte ihre eigenen Fähigkeiten zur Unterstützung kindlicher Bildungsprozesse im Bereich der naturwissenschaftlichen Bildung ein?
- Ist das Gefühl, über genügend naturwissenschaftliches Fachwissen zu verfügen, eine notwendige Voraussetzung dafür, sich im Hinblick auf die frühe naturwissenschaftliche Bildung kompetent zu fühlen?

Vorstellungen zur Didaktik früher naturwissenschaftlicher Bildung

- Pädagogische Fachkräfte verfügen eher über konstruktivistische als instruktive Bildungsvorstellungen (z. B. Mischo et al., 2012; Mackowiak et al., 2022, Ergebnisse Forschungsprojekt Teil A).

Vorstellungen zum Stellenwert früher naturwissenschaftlicher Bildung

- Pädagogische Fachkräfte weisen der frühen naturwissenschaftlichen Bildung einen sehr hohen Stellenwert zu (N. Kuhn et al., 2012; Drexl et al., 2019).

7.3 Untersuchungsdesign

Die Erhebung der Daten zur Erfassung der Haltung der teilnehmenden Fachkräfte gegenüber früher naturwissenschaftlicher Bildung und den Vorstellungen über das Wesen der Naturwissenschaften erfolgte durch einen Online-Fragebogen, um eine möglichst große Anzahl an Fachkräften zu erreichen. Aufgrund der Möglichkeit eines hypothesenprüfenden Verfahrens und der Erfassung latenter Variablen wurde ein quantitatives Forschungsdesign gewählt.

7.3.1 Stichprobe

Der Fragebogen wurde mithilfe des Programms Lime-Survey als Online-Fragebogen konzipiert. Die Datenerhebung fand im Februar und März 2019 statt.

Die Kontaktaufnahme erfolgte über E-Mail-Verteiler der Praxisstelle des Studiengangs Kindheitspädagogik an der Pädagogischen Hochschule Karlsruhe. Ziel war es, durch bereits bestehende Kooperationen der Einrichtungen zur Pädagogischen Hochschule die Bereitschaft zur Teilnahme an der Befragung zu erhöhen. Die verwendeten E-Mail-Verteiler erreichen eine Vielzahl der vorhandenen Träger in Baden-Württemberg und Rheinland-Pfalz.

Es erfolgte keine Ziehung einer Zufallsstichprobe, da die Grundgesamt nicht zu bestimmen ist. Dies ist darauf zurückzuführen, dass keine Auflistung darüber vorliegt, wie viele Fachkräfte in den angeschriebenen Einrichtungen arbeiten, aus Datenschutzgründen keine Listen mit E-Mail-Adressen vorliegen und nicht davon auszugehen ist, dass alle in den angeschriebenen Einrichtungen arbeitenden Fachkräfte den Online-Fragebogen erhalten haben. Die Auswahl der Befragten wurde durch die angeschriebenen Kita-Fachkräfte bestimmt. Bandilla (2015) diskutiert in seinem Beitrag zu Online-Befragungen die spezifischen Probleme der Stichprobenziehung bei Online-Befragungen.

Er stellt heraus, dass für experimentelle Hypothesentests Stichprobenprobleme eine geringere Bedeutung haben als bei denen, deren Ziel darin besteht, mittels einer Online-Befragung Populationsparameter zu schätzen. Durch die Entscheidung für einen Online-Fragebogen und die damit verbundene Ad-hoc-Stichprobe ergibt sich für das berichtete Forschungsprojekt die Konsequenz, dass die Ergebnisse als nicht repräsentativ eingeschätzt werden müssen (Döring & Bortz, 2016). Dieser Aspekt wird bei der Diskussion der Ergebnisse berücksichtigt.

Bei der Diskussion der Daten ist darüber hinaus zu beachten, dass es sich vermutlich um eine Positivauswahl handelt. Die freiwillige Teilnahme an der Befragung zur frühen naturwissenschaftlichen Bildung führt zu der Vermutung, dass eine Affinität der Befragten zum Thema gegeben ist.

Die Stichprobe setzt sich sowohl aus B.A.-Studierenden, Fachschülerinnen und Fachschülern als auch Fachkräften mit Berufserfahrung zusammen und hat einen Umfang von $N = 187$ Personen. Die Zusammensetzung der Stichprobe hinsichtlich Alter und Ausbildung wird in Abschnitt 7.4 „Ergebnisse“ berichtet und in Kap. 9 „Grenzen der Studie und Einordung der Befunde“ im Hinblick auf mögliche Verzerrungen mit repräsentativen Kennwerten verglichen und diskutiert.

7.3.2 Fragebogenkonstruktion

Für den Fragebogen wurden einzelne geprüfte Skalen bzw. Subskalen aus vorhergehenden Untersuchungen übernommen. Um die Skalen dem Forschungsvorhaben entsprechend anzupassen, wurde auf einzelne Items verzichtet bzw.

einzelne Items wurden ergänzt. Mittels Pretest wurde die Reliabilität der leicht modifizierten Skalen vor der Datenerhebung überprüft.

Der Fragebogen besteht aus sieben Teilen.

Eingangs werden die Emotionen, die spontan durch die Schulfächer Biologie, Physik und Chemie hervorgerufen werden, erfragt. Die Befragten werden gebeten, ihre Gefühle, die sie mit den angegebenen Schulfächern verbinden, auf einer Skala von – 5 bis + 5 anzugeben (Teil 1).

Der zweite Teil dient der Erfassung des Umgangs mit Kinderfragen aus dem Bereich der unbelebten Natur. Hierzu wurde auf ein bereits bestehendes geprüftes Testinstrument zurückgegriffen, das von einer internationalen Arbeitsgruppe speziell für den frühpädagogischen Bereich angepasst und geprüft wurde (Cho et al., 2003). Das Testinstrument basiert auf einer 1986 von Thompson und Shrigley entwickelten Skala für den schulischen Bereich (Thompson & Shrigley, 1986).

Die von Cho et al. (2003) veröffentlichte Skala misst die Einstellungen pädagogischer Fachkräfte gegenüber früher naturwissenschaftlicher Bildung sowie gegenüber der praktischen Umsetzung von naturwissenschaftlichen Bildungsangeboten in der Kita.

Die Skala besteht aus vier Subskalen, die jeweils einen Umfang von 5 bis 6 Items aufweisen. Die Subskalen lassen sich folgenden Themengebieten zuordnen:

1. Selbstvertrauen in die Bearbeitung naturwissenschaftlicher Fragestellungen mit Kindern im Kita-Alter.
2. Vorbereitung der Lernumgebung (Bereitstellung geeigneter Materialien).
3. Durchführung und Planung von Experimenten im Kita-Alltag.
4. Bedeutung und Stellenwert naturwissenschaftlicher Bildung für Kinder im Kita-Alter.

Die Skala wurde aus dem Englischen ins Deutsche übersetzt. Die Antwortmöglichkeiten sind in Form einer Likertskala mit den vier Ausprägungen „stimme voll zu“ bis „stimme gar nicht zu“ organisiert.

Im Einzelnen wurden folgende Items gestrichen bzw. ergänzt: Da das Forschungsinteresse für die vorliegende Arbeit den Bereich der unbelebten Natur fokussiert, wurden zwei Items aus der Subskala 3 gestrichen, die speziell den Bereich der belebten Natur ansprechen (Items 14 und 15). Des Weiteren wurde auf zwei Items der Subskala 4 verzichtet, da sie ebenfalls als nicht relevant für das vorliegende Forschungsinteresse eingestuft wurden (Items 19 und 21). Die Items der Subskala 2 wurden gestrichen, um die Bearbeitungszeit des Fragebogens zu verringern.

Ergänzt wurde die Skala um folgende drei Items:

(4) „Man benötigt kein Fachwissen, um bei Kindern naturwissenschaftliche Bildungsprozesse anzuregen."

(8) „Die Beschäftigung mit Themen aus dem Bereich der unbelebten Natur mit Kindern überlasse ich lieber meinen Kolleginnen und Kollegen."

(21) „Die frühe Beschäftigung mit Fragestellungen aus dem Bereich Naturwissenschaft ist wichtig für das spätere Leben."

Insgesamt besteht die modifizierte Skala aus 14 Items. Die Skala enthält im Original Begriffe wie „Classroom" und „Teacher", da im englischsprachigen Raum im Schul- und Kita-Kontext die gleichen Begriffe verwendet werden. Im deutschen Sprachgebrauch wird dagegen zwischen Schul- und Kitakontext sprachlich differenziert. Deswegen wurden entsprechende Anpassungen bei der Wortwahl vorgenommen.

Die Prüfung der Reliabilität der modifizierten Skala erfolgt mittels Pretest. Dieser umfasst eine Stichprobengröße von 39 Probanden. Zur Ermittlung der internen Konsistenz wurden negativ gepolte Items umcodiert und Cronbachs Alpha berechnet. Dieser liegt mit >.7 in einem akzeptablen Bereich (Blanz, 2015).

Gegenstand des dritten Fragebogenteils ist die Erfragung der Vorstellungen über spezifische Charaktereigenschaften der Naturwissenschaften.

Wie in Abschnitt 2.2 „Das Wesen der Naturwissenschaften" ausgeführt, umfasst der Minimalkonsens über das Wesen der Naturwissenschaften die sieben Aspekte Kreativität/Vorstellungskraft, Methodenvielfalt, Unterscheidung zwischen Gesetzen und Theorien, Vorläufigkeit/Veränderlichkeit, soziale und kulturelle Einbettung, Unterscheidung zwischen Beobachtung und Schlussfolgerung sowie Subjektivität der und des Forschenden im Erkenntnisprozess.

Aufgrund der Fragebogenlänge und der Zumutbarkeit gegenüber den befragten Personen, konnten im Fragebogen nicht alle Aspekte berücksichtigt werden. Unter dem Aspekt der Operationalisierung wurden von den sieben Aspekten zwei ausgewählt, die sich mithilfe der Methode der schriftlichen Befragung erheben lassen. Es handelt sich um die Aspekte „Unterscheidung zwischen Gesetzen und Theorien" und „Vorläufigkeit/Veränderlichkeit". Des Weiteren wurde die Frage, was unter einem Experiment zu verstehen ist, eingefügt, um Gemeinsamkeiten und Diskrepanzen zwischen wissenschaftlichen Definitionen und den Vorstellungen der befragten Fachkräfte zu erheben. Darüber hinaus wurde nach Unterscheidungsmerkmalen der Naturwissenschaften gegenüber anderen Disziplinen gefragt, um die zentralen Vorstellungen der Befragten hinsichtlich des Wesens der Naturwissenschaften zu erfassen. Dieser Teil des Fragebogens besteht aus vier offenen und einer halboffenen Frage. Die Entwicklung der Fragen erfolgte in Anlehnung an einen geprüften Fragebogen von Lederman et al. (2002). Dieses

Instrument wurde dazu entwickelt, die Vorstellungen über das Wesen der Naturwissenschaften von Schülerinnen und Schülern und Studierenden zu erfassen. Des Weiteren erfolgte eine Orientierung an der Arbeit von Leuchter (2017).

Der vierte Teil ermittelt die Vorstellungen der Befragten über das Entdecken naturwissenschaftlicher Zusammenhänge. Es wird ebenfalls auf geprüfte Items zurückgegriffen. Die Items 6 bis 11 der Skala „Wie lernen Schülerinnen und Schüler Physik?“ aus der „IPN Studie: Lehr-Lern-Prozesse im Physikunterricht“ wurden für den frühpädagogischen Bereich angepasst (Prenzel & Doll, 2002).

Nach Umcodierung aller negativ gerichteten Items wurde die Reliabilität der Skala überprüft. Für Cronbachs Alpha wurde ein Wert von .6 errechnet. Damit liegt Cronbachs Alpha in einem gerade noch akzeptablen Bereich (Hossiep, 2022).

Es folgen Fragen zu naturwissenschaftlichen Inhalten in Ausbildung und Studium sowie die Selbsteinschätzung des Nutzens der erarbeiteten Inhalte in Ausbildung und Studium (Teil 5).

Zudem werden Fortbildungswünsche im Bereich der frühen naturwissenschaftlichen Bildung abgefragt (Teil 6). Fragen zur Person, wie beispielsweise Alter und Berufserfahrung, schließen den Fragebogen ab.

7.3.3 Pretest

Der Pretest wurde mit Studierenden des dritten Semesters des Studiengangs Kindheitspädagogik im Sommersemester 2014 an der Pädagogischen Hochschule Karlsruhe mit der Paper-and-Pencil-Methode durchgeführt und mit der Statistiksoftware SPSS ausgewertet. Insgesamt lagen 39 bearbeitete Fragebögen zur Auswertung vor. Neben dem Ausfüllen des Fragebogens hatten die Studierenden die Möglichkeit, in entsprechenden Feldern sowohl die Fragen als auch die Antwortalternativen zu kommentieren. Die Kommentierungen und Ergebnisse des Pretests wurden als Anlass genommen, einzelne Items umzuformulieren sowie die Reliabilität der modifizierten Skalen zu überprüfen.

7.3.4 Gütekriterien

Innerhalb der Gütekriterien wird zwischen Gütekriterien für Messinstrumente und Gütekriterien für das gesamte Forschungsdesign unterschieden (D. Krebs & Menold, 2022). Die Gütekriterien für Messinstrumente umfassen die Aspekte

Objektivität, Reliabilität und Validität. Die Durchführungsobjektivität ist weitestgehend durch die Standardisierung von Fragebögen gegeben. Die Auswertungsobjektivität der vorliegenden Arbeit wird durch die Dokumentation der Datenaufbereitung und Datenmodifizierung gewährleistet. Die Reliabilität der verwendeten Skalen wurde mithilfe der Split-Half-Methode überprüft. Die Ergebnisse werden durch den Wert Cronbachs Alpha an den betreffenden Stellen berichtet und im Hinblick auf die Reliabilität eingeschätzt. Als Gütekriterium beschreibt die Validität das Ausmaß, in dem ein Messinstrument das Phänomen misst, das gemessen werden soll (Bühner, 2005). Es kann zwischen unterschiedlichen Formen der Validität differenziert werden. Für die vorliegende Arbeit wurde auf die Methode der Konstruktvalidität zurückgegriffen. Konstruktvalidität liegt dann vor, „...wenn eine theoretisch abgeleitete Ähnlichkeit zwischen zwei Messinstrumenten (einem bewährten und einem neu entwickelten) postuliert wird und auch beobachtbar ist“ (D. Krebs & Menold, 2022, S. 558). Da sich der in der berichteten Untersuchung verwendete Fragebogen aus bereits geprüften, in der Forschung etablierten Skalen zusammensetzt, ist die Konstruktvalidität dadurch gewährleistet, dass die Befunde mit den Ergebnissen der bereits durchgeführten Untersuchungen abgeglichen wurden.

Als wesentliche Kriterien für die Güte des gesamten Forschungsdesigns werden die interne, externe und statistische Validität angeführt (D. Krebs & Menold, 2022; Döring & Bortz, 2016).

Die Validität von Forschungsdesigns wird in Ergänzung zu der auf die Messergebnisse bezogenen Validität überprüft, indem die angemessene Interpretation der Forschungsergebnisse und die daraus abgeleiteten Schlussfolgerungen bezüglich des Forschungsziels hinterfragt werden (D. Krebs & Menold, 2022).

Die interne Validität bezieht sich auf die Gültigkeit der Kausalerklärungen, die aus einer Studie abgeleitet werden. Dieses Gütekriterium wird vorrangig im Zusammenhang mit experimentellen Forschungsdesigns thematisiert und ist auf das in der vorliegenden Studie verwendete Design nicht übertragbar.

Die externe Validität der berichteten Befunde wird dadurch gewährleistet, dass die Verzerrung der Stichprobe thematisiert wird und im Hinblick auf die Gültigkeit der Befunde diskutiert wird. Die statistische Validität einer Untersuchung ist dann gegeben, wenn die statistischen Datenanalysen korrekt durchgeführt wurden (Döring & Bortz, 2016) und Effektgrößen angegeben werden, was für die vorliegende Arbeit bestätigt werden kann.

7.4 Ergebnisse

Die Auswertungsergebnisse des Fragebogens werden im folgenden Kapitel der Logik des Fragebogens folgend berichtet und in Kap. Diskussion der Ergebnisse und Einordnung in den Forschungsstand miteinander in Beziehung gesetzt und diskutiert.

7.4.1 Auswertung der geschlossenen Fragen

Frage 1: Assoziierte Emotionen gegenüber den naturwissenschaftlichen Schulfächern
Die teilnehmenden Fachkräfte wurden gebeten, ihre Emotionen, die sie jeweils mit den Schulfächern Biologie, Physik und Chemie verbinden, auf einer Skala von 1 = „sehr positiv" bis 5 = „sehr negativ" anzugeben. Die Ergebnisse sind Abbildung 7.1 zu entnehmen.

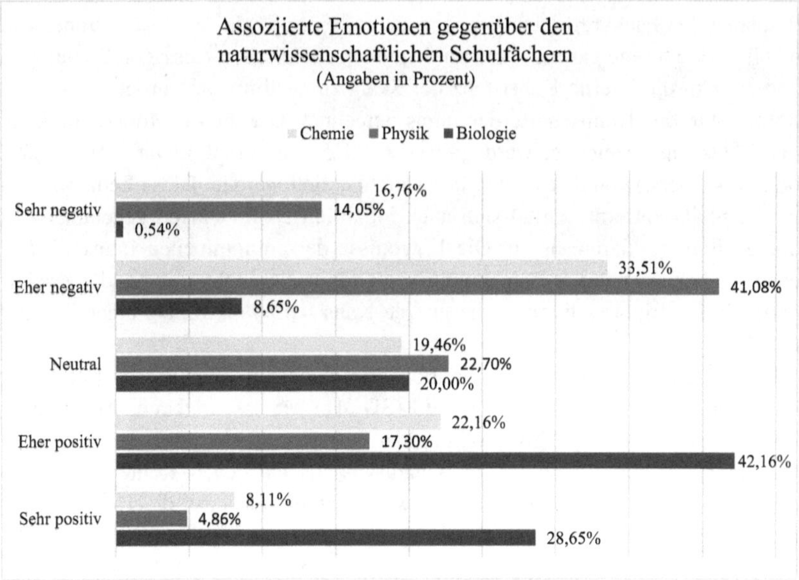

Abbildung 7.1 Assoziierte Emotionen gegenüber den naturwissenschaftlichen Schulfächern

Dem Schulfach Biologie, das der fachdidaktischen Ordnung folgend dem Bereich der belebten Natur zuzuordnen ist, bringen 71 Prozent der Befragten „eher positive“ oder „sehr positive“ Emotionen entgegen. Lediglich 9 Prozent beschreiben ihre Emotionen als „eher negativ“ oder „sehr negativ“. Das Schulfach Physik, das eher der unbelebten Natur zuzuordnen ist, verbinden hingegen nur 22 Prozent der Befragten mit positiven und mehr als die Hälfte (55 Prozent) mit negativen Emotionen. Auch das Schulfach Chemie assoziieren 50 Prozent der Befragten überwiegend mit negativen und nur 30 Prozent mit positiven Emotionen.

Entsprechend liegen die arithmetischen Mittelwerte in Bezug auf die Emotionen für Biologie bei 2,1 (SD .94) gegenüber 3,4 (SD 1.1) für Physik und 3,3 (SD 1.2) für Chemie auf einer Skala mit fünf Ausprägungen (1 = „sehr positiv“ bis 5 = „sehr negativ“).

Frage 2: Umgang mit Kinderfragen zu naturwissenschaftlichen Zusammenhängen
Zur Erfassung der Haltung gegenüber früher naturwissenschaftlicher Bildung wurde eine latente Variable gebildet, indem eine Skala mit 14 Items eingesetzt wurde, die in Form einer Likertskala mit 4 Ausprägungen organisiert ist. Die teilnehmenden Fachkräfte wurden gebeten, auf einer Skala von 1 = „stimme voll zu“ bis 4 = „stimme gar nicht zu“ zu den unterschiedlichen Aussagen Stellung zu nehmen. Um die interne Konsistenz der Skala zu bestimmen, wurden Cronbachs Alpha sowie die Trennschärfe der Items berechnet. Die interne Konsistenz kann mit .79 als gut bezeichnet werden (Blanz, 2015), die empfohlene Trennschärfe von .3 (vgl. ders.) konnte für zwei Items nicht erzielt werden. Diese Items wurden aus der Skala entfernt, zumal sich auch inhaltlich Diskrepanzen gegenüber den anderen Items erklären lassen. Die Ergebnisse der entnommenen Items werden gesondert berichtet. Nach Berechnung von Cronbachs Alpha mit den 12 verbleibenden Items ergibt sich eine hohe interne Konsistenz von .82 bei einer Fallzahl von 167.

Für die Skala wurden die Itemmittelwerte berechnet. Für die gesamte Skala ergibt sich der Itemmittelwert von 1,73 (SD .41) bei beschriebener Ausprägung und drückt damit eine positive Haltung der befragten Fachkräfte gegenüber dem Umgang mit Kinderfragen aus dem naturwissenschaftlichen Kontext aus. Der geringe Wert der Standardabweichung weist darauf hin, dass die Heterogenität der Befragten bezüglich ihrer Angaben recht gering ist. Etwas mehr als zwei Drittel der Befragten haben insgesamt einen Itemmittelwert von 2,1 und stimmen damit den Aussagen zu, die positiv formuliert sind.

Eine Analyse der einzelnen Items zeigt, dass zwei der verwendeten Items weniger hohe Werte für die mittlere Zustimmung der Befragten aufweisen sowie höhere Werte für die Standardabweichung.

Die Aussage „Ich verfüge über genügend naturwissenschaftliches Fachwissen, um mit Kindern Fragestellungen aus diesem Bereich nachzugehen." erhält die geringste Zustimmung mit einem Mittelwert von 2,2 (SD .72). Auch wenn dieser Aussage von der Mehrheit der Befragten eher zugestimmt wird (Modalwert = 2), zeigt sich durch die vergleichsweise hohe Standardabweichung und eine Analyse der Antworten, dass ein Teil der Befragten (27 Prozent) dieser Aussage nicht zustimmt. Der Aussage „Ich fühle mich nicht in der Lage, passende naturwissenschaftliche Angebote mit Kindern zu gestalten." wird von der Mehrheit der Befragten mit einem Mittelwert von 2,9 (SD .94) und einem Modalwert von 3 eher nicht zugestimmt. Jedoch zeigt sich auch bei diesem Item, dass ein Drittel der Befragten der Aussage zustimmt und sich damit in Übereinstimmung mit den zuvor berichteten Ergebnissen, Unsicherheiten im Hinblick auf die eigenen Kompetenzen erkennen lassen. Eine Korrelationsanalyse weist auf einen schwachen negativen Zusammenhang zwischen beiden Items hin. Der Korrelationskoeffizient nach Spearman liegt bei -.193.

Weitere mittelhohe bzw. hohe Zusammenhänge lassen sich jeweils zwischen dem Item „Ich verfüge über genügend naturwissenschaftliches Fachwissen, um mit Kindern Fragestellungen in dem Bereich nachzugehen." und dem Item „Ich fühle mich wohl dabei, wenn ich mit Kindern naturwissenschaftlichen Fragen nachgehe." (.517) sowie dem Item „Ich freue mich, wenn sich Kinder mit naturwissenschaftlichen Fragen an mich wenden." (.456) nachweisen. Einen mittelhohen negativen Zusammenhang lässt sich mit dem Item zum naturwissenschaftlichen Fachwissen und dem Item „Die Beschäftigung mit naturwissenschaftlichen Themen mit Kindern überlasse ich lieber meinen Kolleginnen und Kollegen." berechnen.

Ebenfalls recht hohe Diskrepanzen im Antwortverhalten der Befragten zeigen sich in der Analyse der Frage „Man benötigt kein Fachwissen, um bei Kindern naturwissenschaftliche Bildungsprozesse anzuregen". Hier stimmt ein Drittel der Befragten (33 Prozent) zu und zwei Drittel lehnen diese Aussage ab. Diese Frage wurde aus der Skala entfernt, da sie mit dem Konstrukt „Umgang mit Kinderfragen" nicht korreliert (Trennschärfe <3).

Zur Erfassung der Subskalen, die in der Skala zur Erhebung des Umgangs mit Kinderfragen enthalten sind, wurde ein Verfahren zur Dimensionsreduktion eingesetzt. Aufgrund der starken Korrelationen der Variablen untereinander wurde eine Hauptkomponentenanalyse mit dem Rotationsverfahren „Varimax" durchgeführt und anhand des „Kaiser-Meyer-Olkin-Kriteriums", das die partiellen Korrelationen zwischen Itempaaren berechnet, sowie des Bartlett-Tests zur Überprüfung der Signifikanz, der Einsatz des Verfahrens überprüft (Cleff, 2015).

Nach dem „Kaiser-Meyer-Olkin-Kriterium" liegt das Maß für die Stichprobeneignung bei .86, was eine ausreichend hohe Korrelation zwischen Items darstellt, um eine Hauptkomponentenanalyse durchzuführen und der Bartlett-Test weist mit $p < .001$ eine hohe Signifikanz auf (Cleff, 2015). Nur Faktoren mit Eigenwerten ≥ 1 wurden in Betracht gezogen (Guttman, 1954; Kaiser, 1960).

Durch die Hauptkomponentenanalyse konnten drei Hauptkomponenten extrahiert werden. Da die dritte Hauptkomponente jedoch nur eine Varianz von unter 10 Prozent (8,61 %) erklärt, werden im Folgenden lediglich zwei Komponenten berücksichtigt (Urdan, 2010).

Die Variablen, die auf diese beiden Faktoren hoch laden, stimmen mit den Variablen der Subskalen eins und vier der Ursprungsskala von (Cho et al., 2003) überein.

Komponente 1: Selbstvertrauen in die Bearbeitung naturwissenschaftlicher Fragestellungen mit Kindern im Kita-Alter.

Komponente 2 (Ursprungssubskala 4): Bedeutung und Stellenwert naturwissenschaftlicher Bildung für Kinder im Kita-Alter.

Diese beiden Faktoren werden in den Analysen über mögliche Zusammenhänge zwischen dem Selbstvertrauen in die Bearbeitung naturwissenschaftlicher Fragestellungen und den Vorstellungen über das kindliche Entdecken naturwissenschaftlicher Zusammenhänge berücksichtigt.

Für die Subskalen „Selbstvertrauen in die Bearbeitung naturwissenschaftlicher Fragestellungen mit Kindern im Kita-Alter" und „Bedeutung und Stellenwert naturwissenschaftlicher Bildung für Kinder im Kita-Alter" wurden jeweils die statistischen Kennwerte berechnet, um eine vertiefende Analyse zu ermöglichen. Mittelwert für Subskala 1 ist 1,8 auf der Vierer-Skala, die Standardabweichung beträgt 0,51. Dieser Wert weist darauf hin, dass die Befragten ihre eigenen Kompetenzen im Umgang mit Kinderfragen im Bereich der frühen naturwissenschaftlichen Bildung als eher hoch einschätzen. Der Mittelwert für die Subskala 2 lässt mit dem Wert 1,3 (SD 0,34) darauf schließen, dass die teilnehmenden Fachkräfte der frühen naturwissenschaftlichen Bildung einen sehr hohen Stellenwert beimessen.

Frage 3: Vorstellungen über das kindliche Entdecken naturwissenschaftlicher Zusammenhänge
Zur Erfassung der Vorstellungen der befragten Fachkräfte über das kindliche Entdecken naturwissenschaftlicher Zusammenhänge wurde eine 10 Items umfassende Skala eingesetzt. Die Antwortmöglichkeiten sind auf einer vierstufigen Skala von 1 = „stimme voll zu", 2 = „stimme eher zu", 3 = „stimme eher nicht zu" bis 4 = „stimme gar nicht zu" organisiert. Die interne Konsistenz der Skala wurde mithilfe von Cronbachs Alpha berechnet und kann mit einem Wert von Alpha = .7 als akzeptabel eingeschätzt werden (Blanz, 2015).

Die einzelnen Aussagen der Skala sind in ihrer Formulierung so ausgerichtet, dass Kinder strikte Instruktionen benötigen, um naturwissenschaftliche Zusammenhänge zu entdecken. Der Mittelwert der Skala liegt bei 3,1 (SD .54). Diese Werte weisen darauf hin, dass zum einen die Mehrheit der befragten Fachkräfte den Aussagen eher nicht zustimmt und damit zum Ausdruck bringt, dass aus ihrer Sicht Kinder am stärksten davon profitieren, wenn sie naturwissenschaftliche Zusammenhänge selbst entdecken. Zum anderen sind die Antworten als recht homogen einzuschätzen, da 68 Prozent der Antworten im Bereich von 2,56 bis 3,6 liegen. Den höchsten Wert für die mittlere Zustimmung der Befragten erhält die

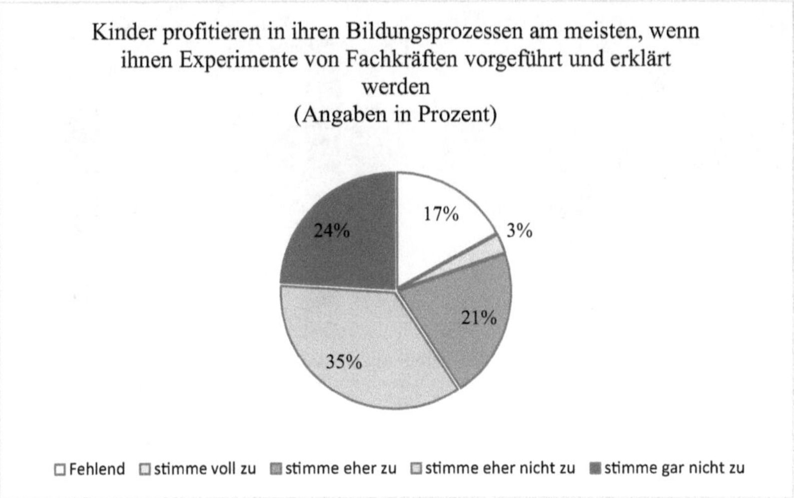

Abbildung 7.2 Kinder profitieren in ihren Bildungsprozessen am meisten, wenn ihnen Experimente von Fachkräften vorgeführt und erklärt werden

Aussage: „Im Bereich früher naturwissenschaftlicher Bildung profitieren Kinder in ihren Bildungsprozessen am meisten, wenn sie eigene Erklärungen für naturwissenschaftliche Zusammenhänge finden". Dieser Aussage stimmen 95 Prozent der Befragten zu, nur 5 Prozent stimmen eher nicht zu, der Mittelwert für dieses Item liegt bei 1,46 (SD .60). Die größten Diskrepanzen in den Antworten der Befragten zeigen sich in der Aussage „Im Bereich früher naturwissenschaftlicher Bildung profitieren Kinder in ihren Bildungsprozessen am meisten, wenn ihnen Experimente von Fachkräften vorgeführt und erklärt werden".

Abbildung 7.2 zeigt, dass 3 Prozent der Befragten dieser Aussage voll zustimmen, 25 Prozent eher zustimmen, 43 Prozent eher nicht zustimmen und 29 Prozent gar nicht zustimmen. Die hohen Werte in den beiden mittleren Antwortkategorien (insgesamt 68 Prozent) weisen darauf hin, dass bei dieser Aussage Unsicherheiten vorliegen, welche der Aussagen als richtig einzuschätzen ist.

Die geringsten Zustimmungen erhalten die drei Aussagen „Kinder profitieren in ihren Bildungsprozessen am meisten", „...wenn sie beim Experimentieren in

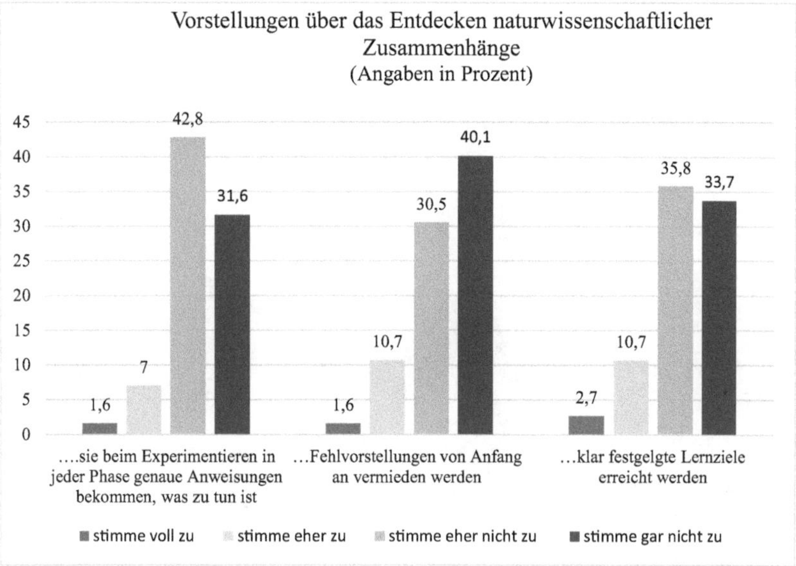

Abbildung 7.3 Vorstellungen über das entdecken naturwissenschaftlicher Zusammenhänge

jeder Phase genaue Anweisungen bekommen, was zu tun ist" (74,4 Prozent stimmen eher bzw. gar nicht zu), „...Fehlvorstellungen von Anfang an vermieden werden" (70,6 Prozent stimmen eher bzw. gar nicht zu) und „...klar festgelegte Lernziele erreicht werden" (69,5 Prozent stimmen eher bzw. gar nicht zu) vgl. Abbildung 7.3.

7.4.2 Auswertung der offenen Fragen: Vorstellungen über das Wesen der Naturwissenschaften

Der Fragebogen umfasst insgesamt vier offene und eine halboffene Frage, in denen die Vorstellungen bzgl. der zwei Aspekte „Unterscheidung zwischen Gesetzen und Theorien" und „Vorläufigkeit/Veränderlichkeit" sowie die Vorstellungen darüber, was unter einem Experiment zu verstehen ist, erhoben wurden.

Diese Fragen wurden mit der Methode der qualitativen Inhaltsanalyse nach Mayring (2015) ausgewertet. Hierzu wurden auf Grundlage des vorhandenen Materials induktiv Kategorien gebildet. Nach Mayring (2015) besteht das Prozessmodell induktiver Kategorienbildung aus sechs aufeinander aufbauenden Schritten.

1. Herausstellen des Ziels der Analyse
2. Festlegung des Abstraktionsniveaus
3. Materialdurcharbeitung und Kategorienformulierung
4. Revision des Materials nach etwa 10 bis 15 Prozent des Materials
5. Endgültiger Materialdurchgang
6. Interpretation und Analyse

Die Anwendung des Prozessmodells auf die vier offenen Fragen des Fragebogens wird im folgenden Abschnitt beschrieben. Das Ziel der Kategorienbildung bei allen vier Fragen ist zunächst die deskriptive Erfassung der Vorstellungen der teilnehmenden Fachkräfte. Dabei sind sowohl die Art der angeführten Erklärungen und Beispiele von Interesse als auch die Häufigkeiten der Nennungen bestimmter Erklärungen. Das Abstraktionsniveau der zu bildenden Kategorien soll möglichst konkret sein. Die Auswertungskategorien wurden induktiv nach einem ersten Materialdurchgang formuliert und es wurden Ankerbeispiele zugeordnet. Nach einem weiteren Materialdurchgang wurden die Kategorien angepasst, indem neue Kategorien hinzugefügt wurden oder auch einzelne Kategorien zusammengefasst wurden. Da nicht alle Antworten der teilnehmenden Fachkräfte den formulierten Kategorien zugeordnet werden können, wurde bei allen Fragen die Kategorie

„Sonstiges“ hinzugefügt, um einzelne Antworten, die weniger als dreimal genannt werden, zu erfassen.

Frage 4.1 Was ist ein Experiment?
Die Frage wurde von 122 der 187 teilnehmenden Fachkräfte mit gültigen Fragebögen beantwortet. Das heißt 65 Fachkräfte (35 Prozent) beantworteten die Frage nicht.

Die 122 vorliegenden Antworten ließen sich sechs unterschiedlichen Kategorien zuordnen.

Kategorie 1: „Etwas ausprobieren, entdecken, um neue Erkenntnisse zu erlangen.“ Es werden die Aspekte „Ausprobieren“ und „Gewinn neuer Erkenntnisse“ genannt, es wird jedoch nicht auf ein zielgerichtetes Vorgehen verwiesen, das bestimmte Kriterien erfüllen muss.

Ankerbeispiel: „Ausprobieren, erforschen, Kenntnisse erlangen und diese überprüfen, verwerfen … Hypothesen entwickeln, wie die Welt funktioniert“. (Nr. 1)

Kategorie 2: Es wird nur der Aspekt „Ausprobieren“ genannt, auf den Gewinn neuer Erkenntnisse wird nicht eingegangen und ebenso wenig auf ein zielgerichtetes Vorgehen.

Ankerbeispiel: „Ausprobieren´, was passiert.“ (Nr. 8) „Es wird etwas ausprobiert, um zu sehen, was passiert.“ (Nr. 46)

Kategorie 3: „Beschreibung ausschließlich durch Beispiele aus dem Kita-Alltag.“ Es wird keine allgemeine Definition gegeben und es werden auch keine Merkmale von Experimenten angegeben.

Ankerbeispiel: „Ich stelle z. B. Kindern verschiedene Materialien/Gegenstände zur Verfügung. Mit diesen Materialien und Gegenständen dürfen sie ausprobieren, nachdenken, mit allen Sinnen erfahren, was mit den Materialien oder auch Gegenständen alles gemacht werden kann.“ (Nr. 2)

Kategorie 4: „Gezieltes/strukturiertes Vorgehen, das bestimmte Schritte beinhaltet.“ Aus der Beschreibung geht hervor, dass die wissenschaftliche Definition eines Experiments zu Grunde gelegt wird. Es müssen jedoch nicht alle Merkmale eines wissenschaftlichen Experiments korrekt benannt werden.

Ankerbeispiel: „Ein Experiment ist für mich ein strukturiertes Vorgehen, das eine Anleitung, Durchführung und Auswertung/Interpretation benötigt und somit eine praktische Erklärung auf eine Frage liefern kann.“ (Nr. 27)

Kategorie 5: „Veranschaulichung von Naturphänomenen." Es wird angeführt, dass der Sinn von Experimenten in der Veranschaulichung von Naturphänomenen liegt.

Ankerbeispiel: „Experimente sollen das theoretische Wissen erfahrbar machen. Es ist ein Weg, Naturphänomene zu veranschaulichen und wissenschaftliche Fragen praktisch zu erproben." (Nr. 18)

Kategorie 6: „Sonstiges." Es werden Aspekte genannt, die keiner der übrigen fünf Kategorien zuzuordnen sind und die drei Mal oder weniger genannt werden.

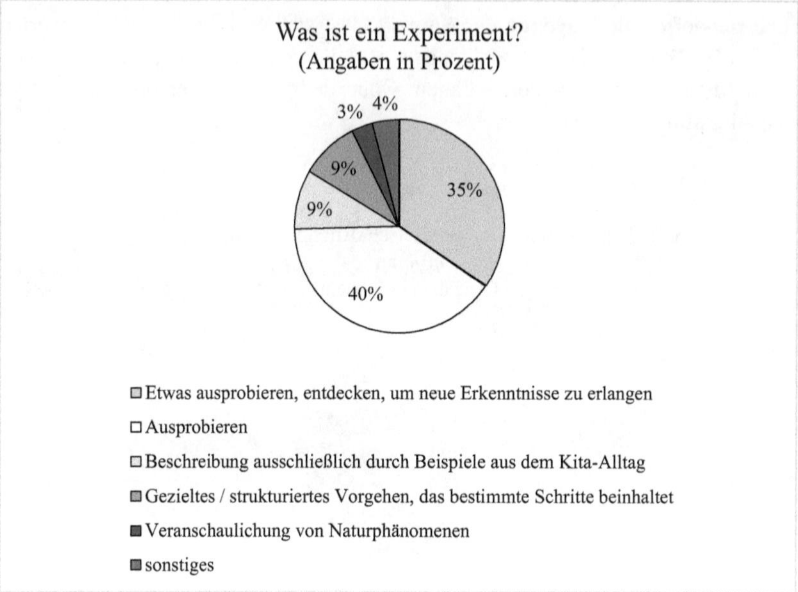

Abbildung 7.4 Was ist ein Experiment?

Aus Abbildung 7.4 geht hervor, dass die Antworten von 40 Prozent der befragten Fachkräfte Kategorie 2 („Ausprobieren") zuzuordnen sind, 35 Prozent der Kategorie 1 („Etwas ausprobieren, entdecken, um neue Erkenntnisse zu erlangen") und jeweils 9 Prozent den Kategorien 3 („Beschreibung ausschließlich durch Beispiele aus dem Kita-Alltag") und 4 („Gezieltes/strukturiertes Vorgehen, das bestimmte Schritte beinhaltet"). Drei Prozent der Antworten lassen sich Kategorie 5 („Veranschaulichung von Naturphänomenen") zuordnen und 4 Prozent der

Kategorie 6 („Sonstiges“). Eine annähernd wissenschaftliche Beschreibung, wie beispielsweise die Definition von Leuchter (2017, S. 15) „Eine aus der Theorie abgeleitete Vermutung mehrmals zu testen, Ergebnisse zu vergleichen sowie Zusammenhänge zu erkennen“ wird nicht genannt. Die Aspekte der Wiederholbarkeit oder die Variation der unabhängigen Variablen ist lediglich in einer der angeführten Definitionen zu finden.

Frage 4.2: Glauben Sie, dass sich wissenschaftliche Theorien ändern können?

Abbildung 7.5 ist zu entnehmen, dass fast ein Drittel (28,9 Prozent) der befragten Personen diese Frage nicht beantworten. Fast ebenso viele Personen (27,7 Prozent) geben an, dass sie diese Frage nicht beantworten können und 2,1 Prozent beantworten die Frage mit der Antwort, dass sich wissenschaftliche Theorien nicht ändern können. Die verbleibenden 41,7 Prozent geben an, dass sich wissenschaftliche Theorien ändern können, wobei lediglich 26 Personen hierzu ein Beispiel anführen.

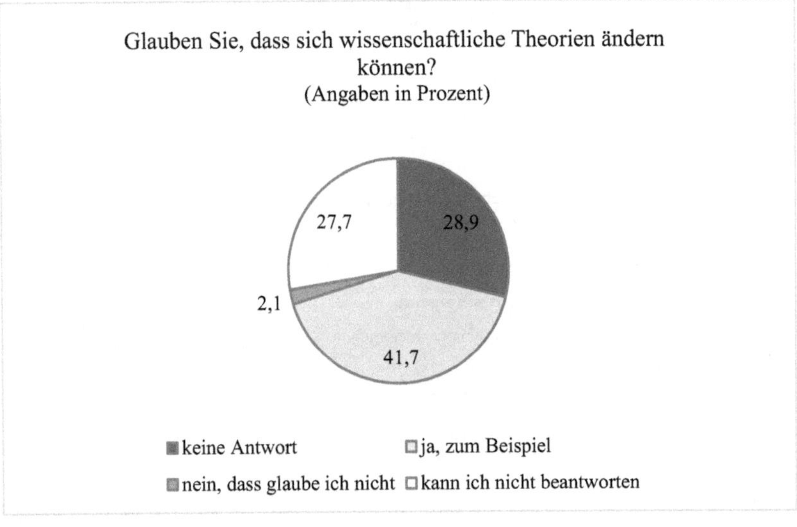

Abbildung 7.5 Glauben Sie, dass sich wissenschaftliche Theorien ändern können?

Fasst man die Personen, die diese Frage nicht beantworten und die Personen, die angeben, dass sie die Fragen nicht beantworten können zusammen, so ergibt sich, dass insgesamt 56,6 Prozent der befragten Fachkräfte diese Frage nicht beantworten (können).

Die 26 angeführten Begründungen dafür, dass sich wissenschaftliche Theorien ändern können, lassen sich drei Kategorien zuordnen.

Kategorie 1
Es werden Beispiele aus dem naturwissenschaftlichen Kontext genannt, in denen sich Theorien bereits einmal geändert haben.

Ankerbeispiel:
„Annahmen wie zum Beispiel: Die Erde ist eine Scheibe." (Nr. 1)

Kategorie 2
Es werden Beispiele aus beliebigen aber nicht aus naturwissenschaftlichen Kontexten genannt, in denen sich Theorien schon mal geändert haben.

Ankerbeispiel:
„Auf jeden Fall! Früher waren alle zu 100 Prozent von der Bindungstheorie nach J. Bowlby überzeugt. Heute gibt es viele weitere Merkmale, die bei einer Übergangszeit beachtet werden müssen..." (Nr. 35)

Kategorie 3
Allgemeine Erklärung ohne Nennung von Beispielen.

Ankerbeispiel:
„Durch neue Erkenntnisse aus Forschungen." (Nr. 11)

Aus Abbildung 7.6 geht hervor, dass in 11 der vorliegenden 26 Antworten für die Begründung, dass sich wissenschaftliche Theorien ändern können, Beispiele aus dem naturwissenschaftlichen Kontext herangezogen werden. In 9 der vorliegenden Antworten handelt es sich um allgemeine Erklärungen ohne konkrete Beispiele und 6 Antworten beziehen sich auf Beispiele, in denen Theorien ersetzt wurden, die einem nicht naturwissenschaftlichen Kontext angehören.

Frage 4.3: Was verbinden Sie mit einer wissenschaftlichen Theorie?
Von den 187 teilnehmenden Fachkräften, liegen 91 Antworten zur Analyse vor. Das heißt mehr als 50 Prozent (96 Personen) haben diese Frage nicht beantwortet. Die Antworten der befragten Personen lassen sich vier Kategorien zuordnen

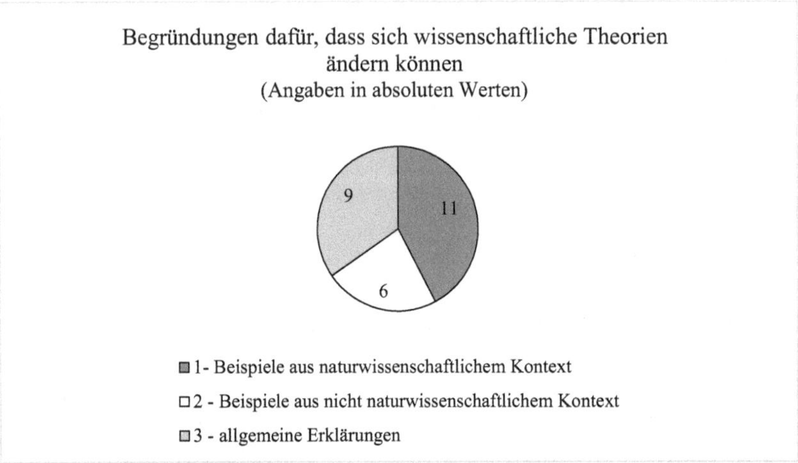

Abbildung 7.6 Begründungen für die Änderungen wissenschaftlicher Theorien

Kategorie 1
Es wird angeführt, dass es sich bei einer wissenschaftlichen Theorie um Erklärungen handelt, die durch empirische Studien begründet wurden.

Ankerbeispiel:
„Eine wissenschaftliche Theorie wurde in Form einer Kurzzeit- oder Langzeitstudie erforscht und stellt das Ergebnis einer empirischen Forschung dar.“ (Nr.2)

Kategorie 2
Es wird angegeben, dass es sich bei einer wissenschaftlichen Theorie um Erklärungen handelt, die noch nicht bewiesen wurden.

Ankerbeispiel:
„Theorien sind vorläufige Erklärungen, die noch bewiesen werden müssen.“ (Nr. 13)

Kategorie 3
Es wird nur angegeben, dass es sich bei wissenschaftlichen Theorien um Antworten auf Fragen handelt. Es wird nicht darauf eingegangen, wie es zur

Theoriebildung kommt oder ob die Theorie bereits bewiesen wurde oder noch bewiesen werden muss.

Ankerbeispiel:

„Antworten auf Fragen in der Natur, Technik, Mathematik.“ (Nr. 8)

Kategorie 4
Sonstiges.

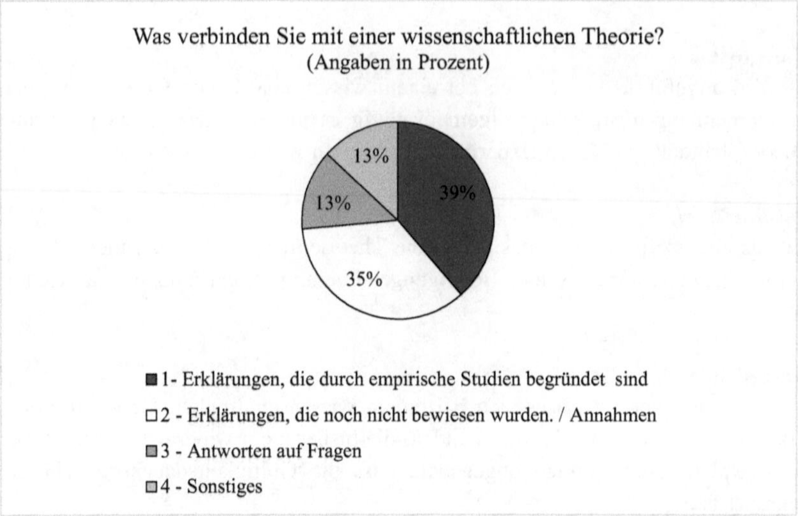

Abbildung 7.7 Erläuterungen wissenschaftlicher Theorien

Aus Abbildung 7.7 geht hervor, dass 35 der teilnehmenden Personen (39 Prozent) mit wissenschaftlichen Theorien Erklärungen verbinden, die durch empirische Studien begründet sind. 32 Personen (35 Prozent) geben an, dass es sich bei wissenschaftlichen Theorien um Erklärungen handelt, die noch nicht bewiesen wurden. 12 Personen (13 Prozent) sehen in wissenschaftlichen Theorien vorrangig die Beantwortung von Fragen. Die Aspekte der Entstehung von Theorien oder ihrer Gültigkeit werden nicht berücksichtigt. 12 Antworten (13 Prozent) lassen sich keiner der drei angegebenen Kategorien zuordnen.

Frage 4.4: Was verbinden Sie mit einem wissenschaftlichen Gesetz?
Von den 187 teilnehmenden Personen, haben nur 88 Personen (47 Prozent) diese Frage beantwortet. Die vorliegenden Antworten lassen sich folgenden 5 Kategorien zuordnen:

Kategorie 1
Es wird ein Beispiel für ein wissenschaftliches Gesetz angeführt.

Ankerbeispiel:
„Mit dem wissenschaftlichen Gesetz verbinde ich die Schwerkraft." (Nr. 2)

Kategorie 2
Es wird angeführt, dass es sich bei einem wissenschaftlichen Gesetz um einen Zusammenhang handelt, der allgemein gültig ist und/oder dass es sich um eine Theorie handelt, die durch Experimente bewiesen wurde.

Ankerbeispiel:
„Etwas allgemein gültiges, das heißt eine Theorie, die durch Experimente bestätigt wurde, die unter denselben Bedingungen überall gilt und fundamental wichtig ist." (Nr. 18)

Kategorie 3
Es wird angegeben, dass es sich bei einem wissenschaftlichen Gesetz um eine Erklärung oder um eine Theorie handelt, die bisher nicht widerlegt wurde. Dabei wird explizit oder implizit angegeben, dass die Gültigkeitsdauer der Theorie begrenzt ist.

Ankerbeispiel:
„Bis etwas Neues Gesetz wird, haben sich Gesetzmäßigkeiten herausgebildet, die nicht widerlegt worden sind bis jetzt." (Nr. 19)

Kategorie 4
Ein wissenschaftliches Gesetz wird mit einer Formel gleichgesetzt.

Ankerbeispiel:
„Festgelegte Formeln." (Nr. 9)

Kategorie 5:
Sonstiges.

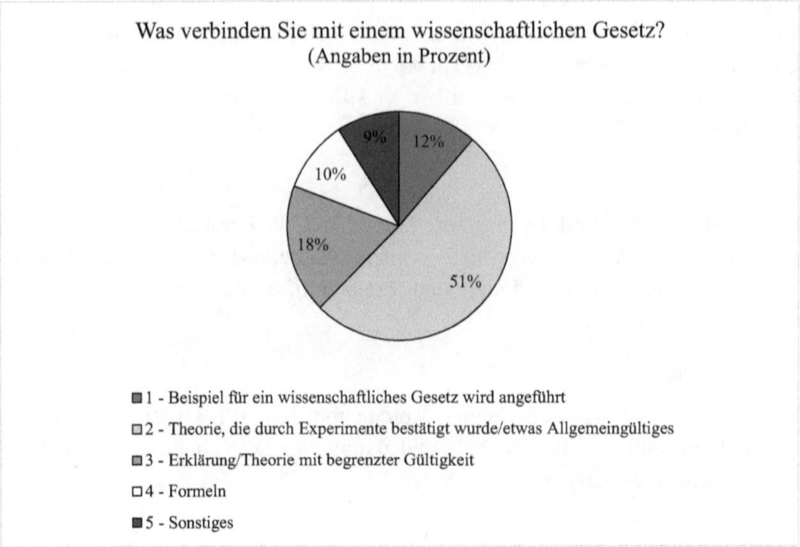

Abbildung 7.8 Was verbinden Sie mit einem wissenschaftlichen Gesetz?

Aus Abbildung 7.8 wird ersichtlich, dass sich 51 Prozent der vorliegenden Antworten Kategorie 2 zuordnen lassen. Die Mehrheit der Befragten gibt demnach an, dass es sich bei einer wissenschaftlichen Theorie um etwas Allgemeingültiges handelt bzw. um eine Theorie, die durch Experimente bestätigt wurde. Knapp ein Fünftel (18 Prozent) der Antworten lässt sich Kategorie 3 – eine Erklärung bzw. eine Theorie mit begrenzter Gültigkeit zuordnen. In 12 Prozent der Antworten wird ausschließlich ein Beispiel für ein wissenschaftliches Gesetz angeführt (Kategorie 1), in 10 Prozent der Antworten wird ein wissenschaftliches Gesetz mit einer Formel gleichgesetzt (Kategorie 4) und 9 Prozent der Antworten lassen sich keiner der aufgeführten Kategorien zuordnen.

Frage 4.5: Worin unterscheiden sich naturwissenschaftliche Disziplinen wie z. B. Physik und Chemie von anderen Disziplinen wie z. B. Theologie und Philosophie?
Es liegen 91 Antworten zur Analyse vor, das heißt von den 187 teilnehmenden Personen haben etwas mehr als die Hälfte (96 Personen) diese Frage nicht beantwortet. Die vorliegenden Antworten lassen sich 5 Kategorien zuordnen.

Kategorie 1
Der Unterschied zwischen naturwissenschaftlichen und anderen Disziplinen wird vorrangig darin angegeben, dass Theorien in den theologischen oder philosophischen Disziplinen nicht überprüfbar sind und dadurch nicht verifiziert oder falsifiziert werden können.

Ankerbeispiel:
„Physik und Chemie sind überprüfbare Disziplinen, die durch Versuch und Irrtum oder eben nicht Irrtum überprüfbar werden. Während Theologie und Philosophie sich im eigenen Empfinden und Erleben oder auch im daran Glauben manifestieren.“ (Nr. 8)

Kategorie 2
Die Disziplinen Physik und Chemie werden mit dem Adjektiv „real“ oder die Wirklichkeit abbildend beschrieben und damit von Disziplinen wie Theologie und Philosophie abgegrenzt.

Ankerbeispiel:
„Physik, Chemie etc. sind für mich Realwissenschaften, die sich mit realen Vorgängen und Phänomenen beschäftigen. Disziplinen, wie zum Beispiel Theologie und Philosophie, ordne ich eher den Formalwissenschaften zu.“ (14)

Kategorie 3
Die Gemeinsamkeiten von Disziplinen wie Physik und Chemie mit Disziplinen wie Philosophie und Theologie werden als zentraler Aspekt herausgestellt.

Ankerbeispiel:
„Ich sehe darin keinen richtigen Unterschied. Beide Bereiche sind eng miteinander verbunden. Beschäftigt man sich mit den Fragen, beginnt man automatisch zu philosophieren und beginnt, sich Thesen zu erstellen, danach werden diese überprüft, sodass sowohl der naturwissenschaftliche Part als auch Theologisch-Philosophisches eng miteinander verbunden ist.“ (Nr. 33)

Kategorie 4
Es wird angeführt, dass in den unterschiedlichen Disziplinen unterschiedliche Themenbereiche angesprochen werden und/oder unterschiedliche Kompetenzen gefördert werden.

Ankerbeispiel:
„Mathematische Kenntnisse sind für Chemie und Physik notwendig, Berechnungen, Formeln etc.,. Theologie und Philosophie reine Einstellungssache, soziale Kompetenz notwendig.“ (Nr. 30)

Kategorie 5
Sonstiges.

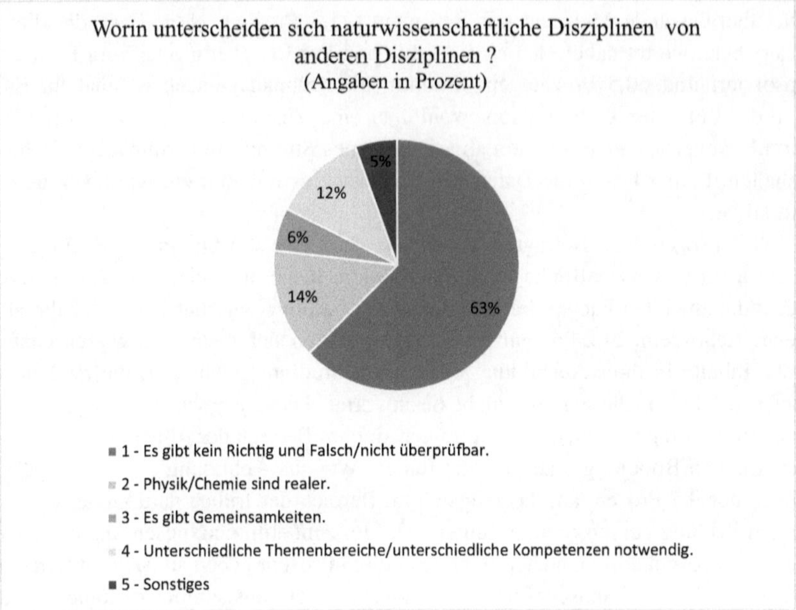

Abbildung 7.9 Worin unterscheiden sich naturwissenschaftliche Disziplinen von anderen Disziplinen?

Aus Abbildung 7.9 wird ersichtlich, dass 63 Prozent der vorliegenden Antworten sich Kategorie 1 in Disziplinen wie Theologie und Philosophie gibt es kein Richtig und Falsch, Aussagen sind in diesen Bereichen nicht überprüfbar zuordnen lassen. In 14 Prozent der Antworten wird angegeben, dass sich die Disziplinen dahingehend unterscheiden, dass Physik und Chemie realer sind (Kategorie 2). Kategorie 4 umfasst 12 Prozent der vorliegenden Antworten. In diesen Antworten wird ausschließlich beschrieben, dass sich die angeführten Disziplinen mit unterschiedlichen Themenbereichen befassen bzw. unterschiedliche Kompetenzen gefragt sind. In 6 Prozent der Antworten wird ausschließlich darauf hingewiesen, dass es Gemeinsamkeiten zwischen den unterschiedlichen Disziplinen gibt. 5 Prozent der vorliegenden Antworten entfallen auf die Kategorie Sonstiges".

Frage 5: Naturwissenschaftliche Inhalte in Ausbildung und Studium und Fortbildungsbedarf

Die überwiegende Mehrheit der Befragten (71,8 Prozent, N = 124), die diese Frage beantwortet haben, hat eine Ausbildung zur Erzieherin oder zum Erzieher absolviert und 60,5 Prozent ein Studium mit frühpädagogischen Inhalten. Ein Teil der Befragten verfügt also sowohl über eine Ausbildung zur Erzieherin oder zum Erzieher als auch über ein abgeschlossenes Studium mit frühpädagogischen Inhalten. Leider lassen die Daten keine Rückschlüsse darauf zu, wie hoch dieser Anteil ist.

62,5 Prozent der Befragten geben an, dass ihre Ausbildung oder ihr Studium naturwissenschaftliche Inhalte umfassten. Insgesamt schätzen 12,4 Prozent der teilnehmenden Fachkräfte die Menge der naturwissenschaftlichen Inhalte als genau richtig ein. 24,2 Prozent der Befragten hätten sich mehr naturwissenschaftliche Inhalte in ihrer Ausbildung oder ihrem Studium gewünscht, die restlichen Befragten haben diese Frage nicht beantwortet. Diese Ergebnisse spiegeln sich auch in der Frage wider, ob die Befragten sich im Bereich der frühen naturwissenschaftlichen Bildung gut ausgebildet fühlen. Wie aus Abbildung 7.10 hervorgeht, geben nur 9,7 Prozent an, dass sie sich im Bereich der frühen naturwissenschaftlichen Bildung gut ausgebildet fühlen. 23,7 Prozent stimmen dieser Aussage eher zu, 26,9 Prozent stimmen eher nicht zu und 6,5 Prozent geben an, sich im Bereich der frühen naturwissenschaftlichen Bildung nicht gut ausgebildet zu fühlen. 33,3 Prozent beantworten diese Frage nicht.

Mit diesem Ergebnis im Einklang stehend geben 73 Prozent der 124 Personen, die diese Frage beantwortet haben an, dass sie sich Fortbildungen zu naturwissenschaftlichem Fachwissen wünschen und 90 Prozent, dass sie sich Fortbildungen zu naturwissenschaftlichen Angeboten für Kinder wünschen (siehe Abbildung 7.11).

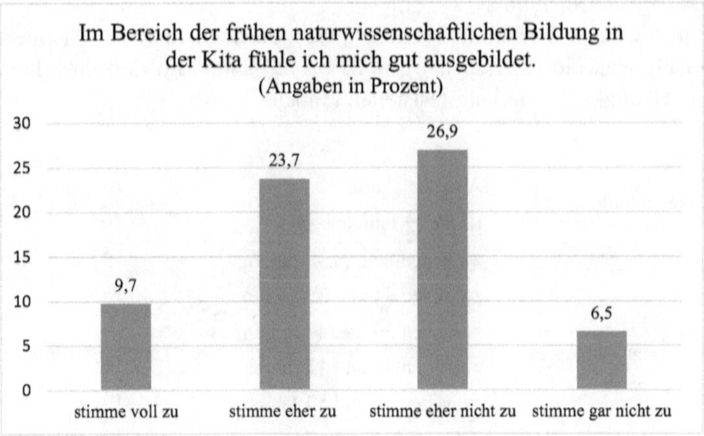

Abbildung 7.10 Im Bereich der frühen naturwissenschaftlichen Bildung fühle ich mich gut ausgebildet

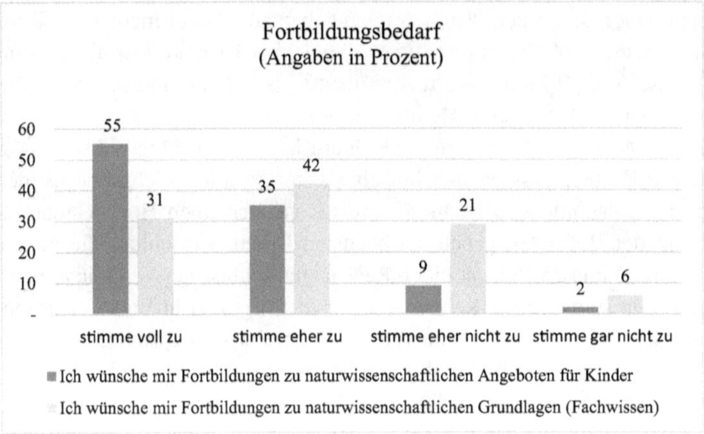

Abbildung 7.11 Fortbildungsbedarf

Beschreibung der Stichprobe
Die teilnehmenden Fachkräfte verteilen sich hinsichtlich ihres Alters relativ gleichmäßig über die Altersspanne von 22 bis 65 Jahren. Im Einzelnen lässt sich folgende Häufigkeitsverteilung feststellen (Tabelle 7.1).

Tabelle 7.1 Häufigkeitsverteilung Alter der teilnehmenden Fachkräfte

Alterskategorie	Anzahl
Unter 25 Jahren	19
zwischen 26 und 30 Jahren	15
zwischen 31 und 35 Jahren	15
zwischen 36 und 40 Jahren	19
zwischen 41 und 45 Jahren	11
zwischen 46 und 50 Jahren	12
Über 56 Jahren	13

Insgesamt 63 Personen haben alle Fragen zu Personendaten nicht beantwortet. Die Altersverteilung spiegelt sich in den Antworten zur Berufserfahrung der Befragten wider. 33 Prozent der Befragten geben an 20 oder mehr Jahre Berufserfahrung zu haben, 24 Prozent verfügen über 10 bis 19 Jahre Berufserfahrung, 11 Prozent über 6 bis 9 Jahre, 14 Prozent über 3 bis 5 Jahre und die verbleibenden 18 Prozent über 0 bis 2 Jahre Berufserfahrung.

Die Antworten der Befragten nach ihrem höchsten Bildungsabschluss geben Aufschluss darüber, dass es sich um eine sehr spezielle Stichprobe handelt: 49 Prozent der teilnehmenden Fachkräfte verfügen über einen Hochschulabschluss, 25 Prozent der Befragten geben als höchsten Bildungsabschluss die allgemeine Hochschulreife und 25 Prozent einen Realschulabschluss an. Vergleicht man diese Daten mit den statistischen Kennwerten für das Personal in Baden-Württemberg (Kitzenmaier, 2021), so zeigt sich folgendes Ergebnis: Der Anteil der pädagogischen Fachkräfte mit Hochschulabschluss betrug im Jahr 2020 6 Prozent. Es liegt also eine starke Verzerrung der Daten vor.

Die Konsequenz aus der Verzerrung der Daten, die sich für die Interpretation der Ergebnisse ergibt, wird in Diskussion der Ergebnisse und Einordnung in den Forschungsstand diskutiert.

8 Diskussion der Ergebnisse und Einordnung in den Forschungsstand

Die Forschungsfragen und Hypothesen werden auf der Grundlage der in den Abschnitten 6.4 und 7.4 dargestellten Ergebnisse sowie unter Einbezug des dargelegten Forschungsstandes beantwortet und diskutiert. In Abschnitt 8.3 werden die Ergebnisse beider Untersuchungen zusammengeführt.

8.1 Teilprojekt A: Bildungsvorstellungen pädagogischer Fachkräfte im Kontext der frühen naturwissenschaftlichen Bildung

Die Vorstellungen der teilnehmenden pädagogischen Fachkräfte über kindliche Bildungsprozesse im Bereich Natur werden anhand der folgenden Leitfragen analysiert.

1. Rolle des Kindes im Bildungsprozess
2. Rolle der Fachkraft im Bildungsprozess
3. Themenwahl und Umsetzung des Projektes

Die Fragestellungen werden zunächst separat beantwortet und diskutiert und anschließend miteinander in Beziehung gesetzt.

L.-M. Kraska, *Naturwissenschaftliche Bildung in Kindertageseinrichtungen*,
https://doi.org/10.1007/978-3-658-51059-6_8

8.1.1 Rolle des Kindes im Bildungsprozess

Die Rolle des Kindes wird anhand der Aspekte Initiierung des Projektes und Partizipation der Kinder im Projektverlauf diskutiert.

Den Projektbeschreibungen ist zu entnehmen, dass der überwiegende Teil der teilnehmenden Fachkräfte (61 Prozent) das Projektthema aufgreifen, da sie Interesse für das Thema bei den Kindern wahrgenommen haben und ca. ein Viertel (26 Prozent) der Fachkräfte das Thema selbst initiieren. Diese Ergebnisse weisen darauf hin, dass die Mehrheit der Fachkräfte die Kinder mit einbeziehen, indem sie ihre Interessen aufgreifen. Steffensky (2017) verweist darauf, dass die Frage, ob die Kinder sich das Thema im Projektverlauf zu eigen machen und eigene Fragen entwickeln und ob ihnen die Möglichkeit geboten wird, diesen auch nachzugehen, im Hinblick auf die kindlichen Bildungsprozesse mehr Relevanz hat, als die Frage, ob das Thema durch die Interessen der Kinder initiiert wurde.

Die Befunde der Analyse des Partizipationsgrades während des Projektverlaufs zeigen, dass fast die Hälfte (48 Prozent) der Projekte in die Kategorie „mittlerer Partizipationsgrad" eingeordnet werden können, da das Vorgehen gemeinsam von den Fachkräften und den Kindern geplant wird. Etwas mehr als ein Drittel (36 Prozent) ist der Kategorie „niedriger Partizipationsgrad" zuzuordnen, da das Vorgehen von den Fachkräften im Vorfeld ohne Einbezug der Kinder geplant wird. In 16 Prozent der eingereichten Projekte weisen die Beschreibungen darauf hin, dass die Kinder das Vorgehen im Projekt weitestgehend selbst bestimmt haben. Für die Teilhabe der Kinder bedeutet dieser Befund, dass in fast zwei Dritteln der beschriebenen Projekte den Kindern die Möglichkeit geboten wurde, zumindest teilweise ihre eigenen Fragen einzubringen und damit Einfluss auf den Projektverlauf zu nehmen. In etwas mehr als einem Drittel der beschriebenen Projekte wurde den Kindern diese Möglichkeit nicht geboten. Partizipationsmöglichkeiten der Kinder am Projektverlauf bedeuten seitens der Kinder mehr Selbstwirksamkeitsgelegenheiten (Hildebrandt et al., 2021), seitens der Fachkräfte aber unter Umständen den Umgang mit weniger strukturierten Lernsituationen. Dies kann im Bereich der frühen naturwissenschaftlichen Bildung, der häufig mit Unsicherheiten assoziiert wird (z. B. Cho et al., 2003; Prenzel et al., 2002), eine besondere Herausforderung darstellen.

Die Befunde zur Projektinitiierung und zu den Partizipationsmöglichkeiten der Kinder im Projektverlauf, lassen sich dahingehend interpretieren, dass mehrheitlich der Open-Framework-Ansatz in den Handlungsbeschreibungen der Fachkräfte sichtbar wird, der sowohl eine hohe Initiative aufseiten der Fachkräfte als auch aufseiten der Kinder zeigt. Dieser Ansatz lässt sich am ehesten dem pädagogischen Ansatz der Ko-Konstruktion zuordnen.

Ebenfalls relativ häufig, wenn auch in einer weit weniger großen Anzahl der Projektberichte, zeigt sich der programmatische Ansatz in den Handlungsbeschreibungen der teilnehmenden Fachkräfte. Dieser Ansatz lässt sich mit transmissiven Überzeugungen in Verbindung bringen. In weit geringerer Anzahl lassen sich die Handlungsbeschreibungen in den Projektberichten dem kindzentrierten Ansatz zuordnen, der sich am ehesten mit dem pädagogischen Ansatz der Selbstbildung in Verbindung bringen lässt.

Die Auswertung der ergänzenden geschlossenen Fragen im Fragebogen nach der Projektinitiierung und nach der Möglichkeit der Kinder, eigene abweichende Fragestellungen zu untersuchen, ergibt ein etwas anderes Bild. Hier zeigt sich in den Antworten der Befragten, eine klare Präferenz zu den beiden Ansätzen „kindzentriert" und „Open-Framework", indem den Kindern ein hoher Partizipationsgrad zugewiesen wird. Antworten, die auf eine hohe Initiative der Fachkraft und auf eine niedrige Initiative der Kinder hinweisen, lassen sich in den Antworten der Befragten kaum wiederfinden. Diese Diskrepanz lässt sich zum einen möglicherweise darauf zurückführen, dass Ungenauigkeiten in den Projektbeschreibungen zu einer fehlerhaften Zuordnung führen. Zum anderen weisen die Diskrepanzen möglicherweise auf Unstimmigkeiten zwischen den Bildungsvorstellungen der Fachkräfte und dem tatsächlichen Handeln hin. Zum Teil lassen sich die Diskrepanzen auch auf den Effekt der sozialen Erwünschtheit zurückführen. Dies wird vor allem in den Antworten auf die geschlossene Frage mit dichotomen Antwortalternativen deutlich, ob die Kinder im laufenden Forschungsprozess die Möglichkeit hatten, eigenen abweichenden Fragestellungen nachzugehen, wenn sie andere Fragestellungen aufgeworfen haben. Diese Frage wurde von 99 Prozent mit „Ja" und nur von 1 Prozent mit „Nein" beantwortet. Dieses Ergebnis lässt sich in den Projektbeschreibungen jedoch nicht wiederfinden.

8.1.2 Rolle der Fachkraft im Bildungsprozess

Der mit deutlichem Abstand am häufigsten verwendete Begriff zur Beschreibung der eigenen Rolle als pädagogische Fachkraft im Bildungsprozess ist der Begriff der oder des „Lernbegleitenden" gefolgt von dem Begriff der oder des „Impulsgebenden". Diese beiden Begriffe lassen sich am ehesten einem konstruktiven Bildungsverständnis und einem kindzentrierten Ansatz zuordnen. Der Begriff des „Lernbegleitenden" wird vermutlich deshalb am häufigsten genannt, da er in der Formulierung der offenen Frage zur Erfragung der Rolle Verwendung findet und somit die befragten Fachkräfte in diese Richtung lenkt. Die Befunde bzgl. der Antworten auf die halboffene Frage nach der Art der Unterstützung im Forschungsprozess, weisen jedoch in eine ähnliche Richtung. Hier werden als häufigste Unterstützungsart der Kinder im Forschungsprozess das Bereitstellen benötigter Materialien, das Aufgreifen von Kinderfragen und die kognitive Unterstützung angegeben. Auch bei dieser Frage werden von den vorgegebenen Antworten diejenigen am häufigsten ausgewählt, die am ehesten mit einem konstruktiven Bildungsverständnis in Zusammenhang gebracht werden können. Diese Ergebnisse weisen in Übereinstimmung mit den Arbeiten von Mischo (2017) und N. Kuhn et al. (2012) darauf hin, dass die überwiegende Mehrheit der teilnehmenden Fachkräfte über konstruktive Bildungsvorstellungen verfügt. Ebenso zeigt die Verwendung der Begriffe wie „Lernbegleiter:in" oder „Ko-Konstrukteur:in", dass den Fachkräften die gängigen pädagogischen Ansätze wie der Selbstbildungs- und der Ko-Konstruktionsansatz bewusst sind. Dieses Ergebnis stimmt mit den Befunden aus der Arbeit von Mey et al. (2012) überein.

Eine Gegenüberstellung der eigenen Rollenbeschreibung durch die Fachkräfte mit den Ergebnissen einer Analyse der Handlungsbeschreibungen der Fachkräfte weist darauf hin, dass interne Brüche feststellbar sind. In ca. einem Fünftel der Beschreibungen weist die Fachkraft sich selbst die Rolle der Unterstützerin oder des Unterstützers oder der Lernbegleiterin oder des Lernbegleiters zu, die beschriebene Handlung lässt jedoch den Schluss zu, dass das Vorgehen im Projekt fast ausschließlich durch die Fachkraft gesteuert wird. Dieser Befund verweist auf Diskrepanzen zwischen den normativen und analytischen Konzepten bei einem Teil der pädagogischen Fachkräfte. Ob die Fachkräfte aus einer sozialen Erwünschtheit heraus die vorgegebenen Antworten wählen, oder ob die Antworten die Bildungsvorstellungen der Befragten widerspiegeln und es bei der Umsetzung der Vorstellungen im pädagogischen Alltag zu Brüchen kommt, ist auf der Grundlage der vorliegenden Daten nicht zu beantworten. Die Befunde der Arbeit von Mey et al. (2012) verweisen in eine ähnliche Richtung. Hier konnten ebenfalls Diskrepanzen zwischen den in Interviews geäußerten Bildungsvorstellungen und den aus Beobachtungen erschlossenen Handlungsorientierungen festgestellt werden.

Eine weiterführende Studie, in Form von Erhebungen von Stellungnahmen zu videogestützten Fallvignetten, könnte hier Aufschluss geben.

8.1.3 Themenwahl und Umsetzung der Projekte

In mehr als der Hälfte der vorliegenden Projekte werden Themen aus dem Bereich der unbelebten Natur bearbeitet. Damit können für die beschriebene Untersuchungsgruppe die Vorbehalte gegenüber Themen der unbelebten Natur, wie sie in verschiedenen Studien nachgewiesen werden (Cho et al., 2003; Prenzel et al., 2003), allein auf der Grundlage der Projektthemenwahl nicht bestätigt werden. Zu berücksichtigen ist hierbei jedoch die spezifische Beschaffenheit der Stichprobe, die darin besteht, dass davon auszugehen ist, dass sich vor allem pädagogische Fachkräfte, die eine Affinität für den Bildungsbereich Natur haben, für einen Naturwissenschaftswettbewerb bewerben.

Darüber hinaus ist bezüglich der Themenwahl in den beschriebenen Projekten herauszustellen, dass alle übergeordneten Konzepte in den beschriebenen Projekten Berücksichtigung finden, wenn auch in recht unterschiedlichem Ausmaß. Einige Themen wurden besonders häufig gewählt, wie z. B. das Thema „Biene" oder „Aggregatzustände des Wassers" oder „Schwimmen und Sinken". Die Themenauswahl weist darauf hin, dass der Aspekt des Alltagsbezugs zur Lebenswelt der Kinder bei der Themenauswahl berücksichtigt wurde. Die Ergebnisse einer kurzen Internetrecherche weisen darauf hin, dass zu diesen Themen besonders viel Anregungsmaterial für den Kita-Bereich vorliegt. Die Themen „Evolution" oder „Ökosystem" werden hingegen in den Projektbeschreibungen weit weniger häufig berücksichtigt.

Neben der Themenwahl wurde auch die Methodenwahl analysiert. Hier zeigt sich, dass besonders häufig auf die Methode des angeleiteten Experimentierens zurückgegriffen wurde. Dieser Befund wird durch die Arbeit von Steffensky et al. (2012) bestätigt, wonach sich Fachkräfte eher in der Lage sehen Experimente durchzuführen, als naturwissenschaftlich relevante Phänomene im Alltag zu erkennen und als Lernanlass aufzugreifen. Darüber hinaus wird deutlich, dass vielfältige Aktivitäten in den Projekten umgesetzt wurden, die jeweils ein unterschiedliches Maß an Partizipation der Kinder am Forschungsprozess ermöglichen.

Hinsichtlich der Frage, ob und inwieweit sich die unterschiedlichen Aspekte des Wesens der Naturwissenschaften in den Projektbeschreibungen wiederfinden lassen, lässt sich herausstellen, dass den Beschreibungen die Berücksichtigung von drei der sieben Aspekte zu entnehmen ist. Dabei handelt es sich um die Aspekte „Kreativität und Vorstellungskraft", „die Unterscheidung zwischen Beobachtung und Schlussfolgerungen bei der Erkenntnisgewinnung" sowie „die

Vielfältigkeit der Methoden im Erkenntnisprozess“. Hinweise auf die Thematisierung der übrigen Aspekte wie beispielsweise die Vorläufigkeit und Veränderlichkeit wissenschaftlicher Theorien lassen sich in den Projektbeschreibungen nicht wiederfinden.

8.2 Teilprojekt B: Vorstellungen über frühe naturwissenschaftliche Bildung

In der Fragebogenuntersuchung wurden die Aspekte Einstellung gegenüber den Naturwissenschaften, Vorstellungen über den Stellenwert naturwissenschaftlicher Bildung, Bildungsvorstellungen, Vorstellungen über das Wesen der Naturwissenschaften sowie der Fortbildungsbedarf erhoben.

8.2.1 Einstellungen gegenüber Naturwissenschaften, Selbstkonzept

Die befragten Fachkräfte blicken auf die Schulfächer, die sich mit dem Bereich der unbelebten Natur beschäftigen, mit eher negativen Assoziationen zurück. 50 bzw. mehr als 50 Prozent verbinden mit den Schulfächern Chemie und Physik negative Gefühle. Dieses Ergebnis steht im Einklang mit den Befunden von N. Kuhn et al. (2012) und Prenzel et al. (2002) und bestätigt die Hypothese, wonach pädagogische Fachkräfte über eine eher distanzierte Haltung gegenüber dem Bereich der unbelebten Natur verfügen.

Trotz dieser negativen Assoziationen steht der überwiegende Teil der befragten Fachkräfte der Unterstützung kindlicher Bildungsprozesse im Bereich der naturwissenschaftlichen Bildung positiv gegenüber. Dieser Befund steht im Widerspruch zu verschiedenen Untersuchungsergebnissen, in denen herausgestellt wurde, dass Fachkräfte über eine geringe Motivation im Hinblick auf die Beschäftigung mit naturwissenschaftlichen Fragestellungen im Kita-Alltag verfügen (z. B. Erden & Sönmez, 2011, Maier et al., 2013), deckt sich jedoch mit den Ergebnissen von Steffensky et al. (2018). Möglicherweise ist die positive Haltung der befragten Fachkräfte in der vorliegenden Studie darauf zurückzuführen, dass die Teilnahme an der Befragung freiwillig war und somit davon auszugehen ist, dass zumindest die Relevanz des Themas als hoch eingeschätzt wird und vermutlich darüber hinaus eine gewisse Nähe zum Thema besteht.

Im Hinblick auf das Selbstkonzept bezüglich der Gestaltung von Bildungssituationen im naturwissenschaftlichen Kontext lässt sich herausstellen, dass der überwiegende Teil der befragten Fachkräfte sich als kompetent einschätzt. Fast ein Drittel gibt jedoch an, über nicht genügend Fachwissen zu verfügen und ebenfalls fast ein Drittel stimmt der Aussage zu, sich nicht in der Lage zu fühlen, mit Kindern Fragestellungen aus dem Bereich Natur nachzugehen. Auch der Aussage „Im Bereich der frühen naturwissenschaftlichen Bildung in der Kita fühle ich mich gut ausgebildet“ stimmen etwa ein Drittel der Befragten nicht zu. Zwischen dem Item „Ich fühle mich nicht in der Lage, naturwissenschaftliche Angebote mit Kindern zu gestalten“ und dem Item „Ich verfüge über genügend naturwissenschaftliches Fachwissen...“ lässt sich ein schwacher Zusammenhang nachweisen. Dieser Zusammenhang lässt darauf schließen, dass das Gefühl, über genügend Fachwissen im Bereich Naturwissenschaften zu verfügen, als ein Einflussfaktor auf das Selbstkonzept im Hinblick auf die Gestaltung von Bildungssituationen im naturwissenschaftlichen Kontext herausgestellt werden kann.

Ebenfalls können Zusammenhänge zwischen der Selbsteinschätzung, über genügend Fachwissen zu verfügen und der Freude und Bereitschaft, naturwissenschaftliche Bildungssituationen im Kita-Alltag aufzugreifen, nachgewiesen werden. Diese Befunde weisen darauf hin, dass möglicherweise das Gefühl, über nicht genügend Fachwissen zu verfügen, dazu führt, dass Bildungsgelegenheiten im Bereich Naturwissenschaften nicht wahrgenommen werden – aus der Befürchtung heraus, dass das eigene Fachwissen nicht ausreicht, um Kinderfragen beantworten zu können. Gestützt wird diese Vermutung durch den Befund, dass fast ein Drittel der Befragten angeben, dass es ihnen unangenehm ist, wenn sie Kinderfragen nach naturwissenschaftlichen Zusammenhängen nicht beantworten können. Diese Befunde stehen im Einklang mit den Arbeiten von Larsson (2016), Steffensky et al. (2018) und Oppermann et al. (2016) und Jenßen et al. (2020) für den Bereich Mathematik.

Ob tatsächlich das Gefühl, über nicht genügend Fachwissen zu verfügen, dazu führt, dass weniger Bildungsanlässe im Bereich der naturwissenschaftlichen Bildung aufgegriffen werden, lässt sich anhand der vorliegenden Daten für die Untersuchungsgruppe nicht beantworten, da die Häufigkeit des Aufgreifens von naturwissenschaftlichen Bildungsanlässen nicht erfragt wurde. Zur Beantwortung dieser Fragestellung wären Beobachtungen in den entsprechenden Einrichtungen notwendig gewesen.

8.2.2 Vorstellungen über den Stellenwert früher naturwissenschaftlicher Bildung

Der Mittelwert der Subskala, der Aussagen über die Einschätzung des Stellenwerts der frühen naturwissenschaftlichen Bildung ermöglicht, weist darauf hin, dass die befragten Fachkräfte der frühen naturwissenschaftlichen Bildung einen sehr hohen Stellenwert beimessen. Dieses Ergebnis deckt sich mit den Befunden von N. Kuhn et al. (2012) und Drexl et al. (2019) und bestätigt die eingangs formulierte Hypothese.

Allerdings könnte dieses Ergebnis auch mit darauf zurückzuführen sein, dass zum einen aus einer sozialen Erwünschtheit diese Fragen sehr positiv beantwortet wurden und zum anderen eher Fachkräfte an einer Befragung zur naturwissenschaftlichen Bildung teilnehmen, die diesem Thema eine große Bedeutung beimessen. Zudem wurden die teilnehmenden Personen nicht gebeten, die Wichtigkeit des Bildungsbereichs im Vergleich zur Wichtigkeit der anderen Bildungsbereiche einzuordnen, wie es beispielsweise in der OECD-Studie TALIS Starting Strong vorgenommen wurde (Seybel, 2022). Ein Befund der Studie TALIS Starting Strong ist es, dass die befragten Fachkräfte die Wichtigkeit der frühen naturwissenschaftlichen Bildung im Hinblick auf den Erwerb schulrelevanter Fähigkeiten als eher wenig relevant einschätzen, die Wichtigkeit der frühen naturwissenschaftlichen Bildung im Hinblick auf die Erschließung der Welt als eher hoch. Die Formulierung der Items in der vorliegenden Studie weisen eher in die Richtung des zweiten Aspekts. Somit stimmen die vorliegenden Ergebnisse mit den Befunden der Studie TALIS Starting Strong überein.

8.2.3 Bildungsvorstellungen im Kontext früher naturwissenschaftlicher Bildung

Die Auswertungsergebnisse des Fragebogens zur Erfassung der Bildungsvorstellungen im Kontext früher naturwissenschaftlicher Bildung weisen darauf hin, dass die befragten Fachkräfte in Übereinstimmung mit den Befunden aus Projekt A und den Ergebnissen der Arbeiten von Mischo et al. (2012), Steffensky et al. (2018) und Mey et al. (2012) über eher konstruktivistische Bildungsvorstellungen verfügen.

Dies zeigt sich in den Mittelwerten der eingesetzten Skala sowie in einer besonders hohen Zustimmung der befragten Fachkräfte zu der Aussage, dass Kinder am meisten in ihren Bildungsprozessen profitieren, wenn sie eigene Erklärungen für Zusammenhänge finden. Uneinigkeiten in den Antworten der

Untersuchungsgruppe lassen sich bei der Aussage feststellen, dass Kinder am meisten in ihren Bildungsprozessen profitieren, wenn ihnen Experimente von Fachkräften vorgeführt und erklärt werden. Die vielen Antworten in den mittleren Kategorien (insgesamt 68 Prozent „stimme eher zu“ bzw. „stimme eher nicht zu“) lassen auf Unsicherheiten bei der Beantwortung der Frage schließen. Diese Unsicherheit kann auf die Formulierung des Items zurückzuführen sein, da hier in einer Aussage zwei Aspekte angesprochen werden, nämlich das Experimentieren und das Vorführen und Erklären.

Etwas mehr als ein Viertel der befragten Fachkräfte stimmen dieser Aussage zu, was in einem Widerspruch zu den zuvor berichteten Ergebnissen zu stehen scheint. Ebenso stimmen knapp ein Viertel der Befragten der Aussage zu, dass Kinder am meisten in ihren Bildungsprozessen profitieren, wenn sie in jeder Phase des Experimentierens genaue Anweisungen erhalten. Auch dieser Befund scheint auf einen Widerspruch zu den insgesamt eher konstruktivistisch geprägten Antworten der Befragten hinzuweisen.

Möglicherweise weisen die Zustimmungen zu den oben angeführten Aussagen von ca. einem Viertel der Befragten sowie die große Anzahl der Antworten in den mittleren Kategorien darauf hin, dass der Methode des Experimentierens ein hoher Stellenwert zugewiesen wird. Die Bedeutung von geplanten Experimenten im Vergleich zu Lernsituationen, die im Alltag entstehen, kann aus den vorliegenden Daten nicht abgeleitet werden.

Lankes et al. (2011) stellen heraus, dass in didaktischen Materialien für den Bereich der frühen naturwissenschaftlichen Bildung hauptsächlich Experimente vorgeschlagen werden. Auch im Bildungsbereich Natur im Bildungsplan der Fachschulen für Baden-Württemberg, der in Abschnitt 4.3.1 „Naturwissenschaftliche Inhalte in den Lehrplänen der Fachschulen“ exemplarisch vorgestellt wird, wird Experimenten eine große Bedeutung beigemessen. Daraus ist möglicherweise zu schließen, dass die Zustimmung der Befragten eher der Methode des Experimentierens gilt als dem angedeuteten Bildungsverständnis und die Unsicherheiten in den Antworten eher der ungünstigen Formulierung des Items geschuldet sind. An dieser Stelle hätte im Fragebogen eine klarere Differenzierung vorgenommen werden müssen.

8.2.4 Vorstellungen über das Wesen der Naturwissenschaften

Im Fragebogen wurden die Vorstellungen der teilnehmenden pädagogischen Fachkräfte über das Wesen der Naturwissenschaften anhand von fünf Fragen erhoben, die sich auf die zwei Aspekte „Unterscheidung zwischen Gesetzen und Theorien“ und „Vorläufigkeit/Veränderlichkeit“ beziehen. Darüber hinaus wurden die Vorstellungen darüber, was unter einem Experiment zu verstehen ist, sowie über Unterscheidungsmerkmale der Naturwissenschaften gegenüber anderen Disziplinen, erfragt.

Aus den Antworten der befragten Fachkräfte bezüglich der Definition eines Experimentes wird ersichtlich, dass der Aspekt des Ausprobierens von der Mehrheit der Befragten (74,6 Prozent) als ein wesentliches Merkmal eines Experiments angegeben wird. Aspekte, wie gezieltes, strukturiertes Vorgehen, die an die wissenschaftliche Definition eines Experiments anknüpfen, werden nur von 9 Prozent der Befragten benannt. Die Aussagen folgen der Logik des Feldes, da naturwissenschaftliche Experimente, die in Kindertageseinrichtungen durchgeführt werden, selten die Kriterien eines wissenschaftlichen Experiments erfüllen, sondern eher dem Ausprobieren und Veranschaulichen von Zusammenhängen dienen.

Vorläufigkeit/Veränderlichkeit

Die vorliegenden Befunde weisen darauf hin, dass die Vorstellungen der befragten Fachkräfte hinsichtlich der Veränderlichkeit wissenschaftlicher Theorien als heterogen einzuschätzen sind.

Die Frage nach der Gültigkeit und Veränderlichkeit von Theorien beantworten 41,7 Prozent der befragten Fachkräfte mit der Aussage, dass sich wissenschaftliche Theorien ändern können und hiervon führen 26 Personen ein Beispiel an. Da 28,9 Prozent der Personen angeben, die Frage nicht beantworten zu können und 27,7 Prozent diese Frage nicht beantworten, ist davon auszugehen, dass zumindest bei dieser Gruppe hinsichtlich der Frage nach der Gültigkeit wissenschaftlicher Theorien Unsicherheit besteht.

Dieser heterogene Befund lässt sich durch die Ergebnisse von Höttecke und Hopf (2018) und N. Kuhn et al. (2012) validieren. In der Studie von Höttecke und Hopf, die die Vorstellungen von Schülerinnen und Schülern über Gesetze und Theorien erfragt, wird als ein Ergebnis herausgestellt, dass naturwissenschaftliches Wissen als etwas Statisches und die Wirklichkeit unmittelbar Abbildendes verstanden wird, die Befunde von N. Kuhn et al. (2012) weisen dagegen darauf hin, dass dem überwiegenden Teil der befragten pädagogischen Fachkräfte der Aspekt der Veränderbarkeit naturwissenschaftlichen Wissens bewusst ist.

Interessant ist in diesem Zusammenhang auch, dass insgesamt nur 26 Personen Beispiele für wissenschaftliche Theorien, die sich schon einmal geändert haben, anführen und nur 11 dieser Antworten in den naturwissenschaftlichen Kontext einzuordnen sind. Offenbar finden Wissenschaftsgeschichte und damit auch Beispiele für Theorien, die im Laufe der Zeit durch andere ersetzt wurden, wenig Beachtung im Naturwissenschaftsunterricht der allgemeinbildenden Schulen sowie in frühpädagogischen Studiengängen oder dem Unterricht an Schulen für Sozialpädagogik und sind so den befragten Personen nicht geläufig.

Unterscheidung zwischen Gesetzen und Theorien
Die Heterogenität in den Vorstellungen über das Wesen der Naturwissenschaften spiegelt sich auch in den Antworten der Teilnehmenden auf die Fragen, was unter einem Gesetz und einer Theorie zu verstehen ist, wider.

Während 39 Prozent in ihren Antworten den Zusammenhang von wissenschaftlichen Theorien und empirischen Studien herstellen, geht aus etwas mehr als einem Drittel der Antworten (35 Prozent) dieser Zusammenhang nicht hervor, sondern es wird angegeben, dass es sich bei wissenschaftlichen Theorien um Erklärungen handelt, die noch nicht bewiesen wurden. Damit werden zum einen Theorien analog zur Alltagsverwendung mit unsicheren Vermutungen gleichgesetzt und zum anderen wird indirekt auf einen hierarchischen Zusammenhang zwischen Gesetzen und Theorien verwiesen. Diese Auffassung lässt sich auch in den Antworten auf die Frage „Was verbinden Sie mit einem wissenschaftlichen Gesetz?" wiederfinden. 51 Prozent der Befragten geben hier an, dass es sich bei einem Gesetz um eine Theorie handelt, die durch Experimente bestätigt wurde. Der Aspekt, dass Gesetze Zusammenhänge empirisch gewonnener Daten beschreiben und Theorien versuchen, ein Phänomen zu erklären (Osborne et al., 2003, Lederman et al., 2002), lässt sich aus der Mehrheit der Antworten nicht herauslesen. Dieser Befund steht im Einklang mit den Studienergebnissen von Höttecke und Hopf (2018).

Die Frage, worin sich naturwissenschaftliche Disziplinen von anderen Disziplinen unterscheiden, wird von fast zwei Dritteln der Befragten dahingehend beantwortet, dass es in den Disziplinen wie Theologie und Philosophie kein Richtig und Falsch gibt und dass die Aussagen nicht überprüfbar sind. Aus diesen Antworten lassen sich die für die Befragten zentralen Merkmale der Naturwissenschaften ableiten, nämlich, dass naturwissenschaftliche Gesetze empirisch überprüfbar sind und dass in den Naturwissenschaften zwischen Falsch und Richtig unterschieden werden kann.

Insgesamt fällt bei den fünf Fragen zur Erfassung der Vorstellungen über das Wesen der Naturwissenschaften auf, dass diese Fragen von vielen Befragten (der Mittelwert liegt bei fast 50 Prozent) nicht beantwortet wurden. Dies kann zum einen durch das Format der offenen Fragen begründet sein, die einen Mehraufwand für die Befragten bedeuten. Zum anderen kann der hohe Anteil fehlender

Antworten als ein Indiz dafür interpretiert werden, dass auf eine Stellungnahme verzichtet wird, um das Risiko einer fehlerhaften Antwort zu vermeiden.

8.2.5 Fortbildungsbedarf

Insgesamt geben 62,5 Prozent der Befragten an, dass ihr Studium oder ihre Ausbildung naturwissenschaftliche Inhalte umfasste und dementsprechend 37,5 Prozent, dass naturwissenschaftliche Inhalte nicht Gegenstand in ihrer Ausbildung oder ihrem Studium waren. Dieser Befund überrascht, da in der überwiegenden Mehrheit der aktuellen Modulhandbücher frühpädagogischer Studiengänge in Baden-Württemberg die naturwissenschaftliche Bildung abgebildet wird und auch in den Lehrplänen für die Fachschulen ein Mindestumfang an naturwissenschaftlicher Bildung vorgegeben ist. Der Befund kann dahingehend eingeordnet werden, dass ein Teil der Befragten entweder Ausbildung oder Studium in einem anderen Bundesland als Baden-Württemberg absolviert hat oder die Ausbildung oder das Studium schon eine längere Zeit zurückliegen und damit andere Modulordnungen oder Fachschulpläne ihre Gültigkeit hatten. Obwohl fast zwei Drittel der Befragten angeben, dass die frühe naturwissenschaftliche Bildung im Studium oder in der Ausbildung Berücksichtigung fand, stimmen nur 33,4 Prozent der Befragten der Aussage voll oder eher zu, dass sie sich im Bereich der frühen naturwissenschaftlichen Bildung gut ausgebildet fühlen. Dieser Befund steht im Einklang mit den Ergebnissen von Barenthien et al. (2020), Jenßen et al. (2020) und Maier et al. (2013), die herausstellen, dass professionelle Kompetenzen pädagogischer Fachkräfte im Bereich der frühen naturwissenschaftlichen und mathematischen Bildung in der Ausbildung bisher zu wenig berücksichtigt werden.

In Deutschland sind im Gegensatz zu den meisten anderen europäischen Ländern die Ausbildungsinhalte frühpädagogischer Fachkräfte vorrangig sozialpädagogisch geprägt (Beher & Walter, 2012). Möglicherweise kann dies als eine Begründung für das Gefühl, sich nicht gut genug im Bereich der frühen naturwissenschaftlichen Bildung ausgebildet zu fühlen, angeführt werden.

Die Erhebung des Fortbildungsbedarfs weist in eine vergleichbare Richtung. 90 beziehungsweise 73 Prozent der Befragten, die diese Fragen beantwortet haben, geben an, dass sie sich Fortbildungen zu naturwissenschaftlichen Angeboten mit Kindern bzw. Fortbildungen zu naturwissenschaftlichen Grundlagen wünschen. Diese Ergebnisse zeigen ein sehr klares Bild, dass offensichtlich Unsicherheiten in diesem Feld vorhanden sind. Auf Unsicherheiten weist auch der Befund aus der Evaluation des Orientierungsplans in Baden-Württemberg hin, aus dem hervorgeht, dass sich die befragten Fachkräfte konkrete Zielvorgaben für den Bereich Natur wünschen (Weltzien et al., 2021).

Obwohl viele Fortbildungsinitiativen wie beispielsweise die Stiftung „Kinder forschen" gerade in diesem Bereich angesiedelt sind, scheint den Befunden zufolge weiterhin ein großer Fortbildungsbedarf zu bestehen. Dies zeigt auch die Untersuchung von Jenßen et al. (2020), die für den Bereich der frühen mathematischen Bildung herausstellen, dass sich das mathematische Fachwissen der pädagogischen Fachkräfte auf das Wissen beschränkt, das in der allgemeinbildenden Schule erworben wurde.

Dieses Ergebnis ist besonders auch vor dem Hintergrund der Befunde der OECD-Studie „TALIS Starting Strong" relevant, die darauf hinweisen, dass die wiederholte Beschäftigung eines Themas, sowohl in der Ausbildung als auch in der Fort- und Weiterbildung, signifikant positiv mit einer größeren Häufigkeit von adaptiven Praktiken in diesem Bereich assoziiert ist (OECD, 2020).

8.3 Zusammenführung der Ergebnisse

In Studienteil A konnte herausgestellt werden, dass die Mehrheit der teilnehmenden Fachkräfte über konstruktivistische Bildungsvorstellungen verfügt und mit den gängigen frühpädagogischen Ansätzen vertraut ist. Dieser Befund lässt sich durch die Ergebnisse aus Studienteil B bestätigen. Die Diskrepanzen, die sich im Studienteil A zum Teil zwischen den normativen Vorstellungen der Befragten und den Ergebnissen der Handlungsbeschreibungen zeigen, lassen sich auf der Datengrundlage von Studienteil B nicht erklären.

Hinsichtlich des Wesens der Naturwissenschaften lässt sich herausstellen, dass in einigen wenigen Projektbeschreibungen in Studienteil A einzelne Aspekte Berücksichtigung finden, andere Aspekte jedoch nicht aufgegriffen werden. Dieser Befund lässt sich mit den heterogenen Ergebnissen aus Studienteil B bestätigen, wonach das Bewusstsein über bestimmte Eigenschaften, wie die Vorläufigkeit und Veränderlichkeit wissenschaftlicher Theorien, nur bei einem Teil der Befragten gegeben zu sein scheint.

9 Grenzen der Studie und Einordung der Befunde

Zur Einordnung der dargelegten Befunde wird auf die Einschränkung der Verallgemeinerbarkeit aufgrund der Besonderheiten der Stichprobenauswahl sowie der Stichprobenzusammensetzung hingewiesen.

Teilstudie A

Die Stichprobe setzt sich aus den Projektbeschreibungen, die die pädagogischen Fachkräfte für die Teilnahme am Forschergeist-Wettbewerb angefertigt haben, zusammen. Damit kann zum einen von einer Begeisterung für den Bereich Naturwissenschaften ausgegangen werden und zum anderen von einer recht starken Engagiertheit der Fachkräfte.

Teilstudie B

Da die Stichprobe nur in Baden-Württemberg erhoben wurde, können die Ergebnisse als nicht repräsentativ eingeschätzt werden. Es handelt sich um eine Ad-hoc-Stichprobe, die nicht die Grundgesamtheit abbildet. Somit können die Ergebnisse auch nicht als repräsentativ für Baden-Württemberg angesehen werden. Dadurch, dass die teilnehmenden Fachkräfte unter anderem über E-Mail-Verteiler der Praxisstelle an der Pädagogischen Hochschule Karlsruhe rekrutiert wurden, setzt sich die Stichprobe aus einer überproportionalen Anzahl an Hochschulabsolventinnen und Hochschulabsolventen zusammen. Ferner ist davon auszugehen, dass sich aufgrund der Freiwilligkeit eher Personen für eine Teilnahme bereit erklären, die eine gewisse Affinität zum Thema Naturwissenschaften aufweisen.

L.-M. Kraska, *Naturwissenschaftliche Bildung in Kindertageseinrichtungen*,
https://doi.org/10.1007/978-3-658-51059-6_9

Darüber hinaus werden die Vorstellungen über Naturwissenschaften mithilfe eines Fragebogeninstrumentes erhoben. Es handelt sich um eine Selbsteinschätzung der Fachkräfte, die durch soziale Erwartungen beeinflusst sein kann.

Es wäre ein Gewinn für die Aussagekraft der Untersuchungsergebnisse gewesen, wenn beiden Untersuchungen dieselbe Stichprobe zugrunde gelegt worden wäre, da die Ergebnisse dann besser aufeinander bezogen hätten werden können, was aus Datenschutzgründen aber leider nicht möglich war.

10 Fazit

In der vorliegenden Arbeit wird der Bereich der frühen naturwissenschaftlichen Bildung umfassend in den Blick genommen und die wesentlichen Aspekte untersucht und diskutiert: Es wird herausgearbeitet, welche inhaltlichen Aspekte der Bildungsbereich umfasst, inwieweit der Bereich in den aktuellen Bildungsplänen verankert ist, welche Konzepte zur Umsetzung früher naturwissenschaftlicher Bildung vorliegen und – als ein Aspekt der Handlungskompetenz pädagogischer Fachkräfte – über welche Vorstellungen pädagogische Fachkräfte bezüglich der frühen naturwissenschaftlichen Bildung verfügen. Dabei werden die Einstellungen pädagogischer Fachkräfte gegenüber früher naturwissenschaftlicher Bildung, die Vorstellungen über den Stellenwert, die Bildungsvorstellungen und die Vorstellungen über das Wesen der Naturwissenschaften untersucht.

Ein wesentlicher Befund lautet, dass der Bereich der frühen naturwissenschaftlichen Bildung sowohl in allen frühpädagogischen Bildungsplänen als auch in den Bildungsplänen der Fachschulen und den Modulbeschreibungen der kindheitspädagogischen Studiengänge in Baden-Württemberg Berücksichtigung findet. Hinsichtlich der Inhalte lässt sich weder in den Modulhandbüchern für die frühpädagogischen Studiengänge in Baden-Württemberg, noch in den Bildungsplänen für den frühpädagogischen Bereich, noch in der didaktischen Fachliteratur ein Konsens über spezifische Inhaltsbereiche feststellen. Im Wesentlichen lässt sich zwischen zwei Konzepten zur Umsetzung des Bildungsbereichs unterscheiden: Dem klassischen Konzept, das sich an dem Bildungsbegriff nach Humboldt orientiert und dem pragmatischen Konzept der Scientific Literacy. Diese Konzepte finden sich auch in den Bildungsplänen für den frühpädagogischen Bereich wieder. In Bezug auf die Vorstellungen pädagogischer Fachkräfte über frühe naturwissenschaftliche Bildung lässt sich herausstellen, dass der Bildungsbereich

L.-M. Kraska, *Naturwissenschaftliche Bildung in Kindertageseinrichtungen*,
https://doi.org/10.1007/978-3-658-51059-6_10

Natur als ein Bestandteil des frühkindlichen Bildungskanons fest im Bewusstsein der teilnehmenden Fachkräfte verankert ist. Dies zeigt sich darin, dass dem Bereich von der überwiegenden Mehrheit der Befragten ein hoher Stellenwert beigemessen wird. Auch die gängigen frühpädagogischen Bildungsansätze sind den teilnehmenden Fachkräften bekannt und lassen sich in der Mehrheit der Handlungsbeschreibungen der Fachkräfte wiederfinden.

Darüber hinaus weisen die Befunde darauf hin, dass sich bei einem Teil der Fachkräfte Diskrepanzen zwischen den normativen Bildungsvorstellungen und dem situativen Handeln feststellen lassen. Hier wäre es in einer weiterführenden Studie aufschlussreich, über Fallvignetten Gründe für diese Diskrepanzen zu erforschen.

Die Befunde zum Selbstkonzept und zu den Vorstellungen über das Wesen der Naturwissenschaften zeigen ein sehr heterogenes Bild. Während die Mehrheit der Befragten sich als kompetent im Bereich der frühen naturwissenschaftlichen Bildung einschätzt und sich in der Lage fühlt, naturwissenschaftliche Fragestellungen mit Kindern nachzugehen, schätzt etwa ein Drittel der Befragten das fachliche Wissen über naturwissenschaftliche Zusammenhänge und die eigene fachdidaktische Kompetenz, beides Teilbereiche des Professionswissens, als unzureichend ein. Das Selbstkonzept im Hinblick auf das Fachwissen lässt sich als Einflussfaktor auf die Einschätzung der eigenen Fähigkeit und der Freude und Bereitschaft, mit Kindern Bildungssituationen im Bereich der frühen naturwissenschaftlichen Bildung zu gestalten, herausstellen. In diesem Zusammenhang ist von besonderer Bedeutung, dass die Mehrheit der Befragten angibt, dass sie sich Fortbildungen zu fachwissenschaftlichen und zu fachdidaktischen Grundlagen wünschen. Obwohl Fortbildungen mit mathematischen oder naturwissenschaftlichen Inhalten bereits einen großen Anteil der Fortbildungen im frühpädagogischen Kontext ausmachen und groß angelegte Fortbildungsinitiativen in diesem Bereich bestehen, scheint hier nach wie vor ein umfassender Bedarf zu bestehen.

Auch die Vorstellungen zum Wesen der Naturwissenschaften zeigen ein heterogenes Bild. Der Aspekt der Vorläufigkeit und Veränderlichkeit wissenschaftlicher Theorien ist weniger als der Hälfte der Befragten bewusst. Dieser Aspekt findet auch in den analysierten Projektbeschreibungen keine Berücksichtigung. Der Befund lässt vermuten, dass der Bereich der Wissenschaftsgeschichte in der allgemeinbildenden Schule, in der Ausbildung an Fachschulen sowie in frühpädagogischen Studiengängen, die die Befragten absolviert haben, zu wenig berücksichtigt wurde. Inwieweit dieses Thema Gegenstand in den Naturwissenschaftsmodulen kindheitspädagogischer Studiengänge in Baden-Württemberg oder in den naturwissenschaftlichen Seminaren an Fachschulen ist, lässt sich auf der Grundlage der Dokumentenanalyse nicht beantworten. Explizit wird dieser Bereich weder in den Modulbeschreibungen noch in den Bildungsplänen für die Fachschulen benannt. Es wäre wünschenswert, dass dieser Bereich nicht nur in der allgemeinbildenden Schule, sondern auch in kindheitspädagogischen Studiengängen und an Fachschulen für Sozialpädagogik eine stärkere Berücksichtigung findet, damit das Bild von statischen, unbegrenzt gültigen wissenschaftlichen Theorien nicht über die Lebensspanne bestehen bleibt.

Literaturverzeichnis

Aiken, L. R. (1980). Attitude measurement and research. In D. A. Payne (Hrsg.), *developments in affective measurement* (S. 1–24). Jossey-Bass.

American Association for the Advancement of Science. (1990). *Science for All Americans.* Oxford University Press.

Anders, Y. (2012). *Modelle professioneller Kompetenzen für frühpädagogische Fachkräfte.* https://www.aktionsrat-bildung.de/fileadmin/Dokumente/Expertise_Modelle_professioneller_Kompetenzen.pdf

Anders, Y., Barenthien, J., Hardy, I., Hartinger, A., Kästner, R., Leuchter, M., Oppermann, E., Pauen, S., Rank, A., Steffensky, M., Taskinen, P., Tietze, Sabrina, Wildemann, Anja & Ziegler, T. (Hrsg.). (2018). *Wirkungen naturwissenschaftlicher Bildungsangebote auf pädagogische Fachkräfte und Kinder* (Band 10). Verlag Barbara Budrich.

Anders, Y. & Roßbach, H.-G. (2015). Preschool Teachers' Sensitivity to Mathematics in Children's Play: The Influence of Math-Related School Experiences, Emotional Attitudes, and Pedagogical Beliefs. *Journal of Research in Childhood Education, 29*(3), 305–322. https://doi.org/10.1080/02568543.2015.1040564

Asmussen, S. (2020). *Naturwissenschaftliche Bildung in der KiTa* (1. Auflage). Beltz Juventa. http://www.content-select.com/index.php?id=bib_view&ean=9783779954200

Baden-Württemberg, M. f. K. J. u. S. (2016). *Orientierungsplan: Für Bildung und Erziehung in baden-württembergischen Kindergärten und weiteren Kindertageseinrichtungen.* Verlag Herder. http://gbv.eblib.com/patron/FullRecord.aspx?p=4499876

Balluseck, H. von (Hrsg.). (o.J.). *Kindheitspädagogik.* https://www.kindheitspädagogik.de/

Barenthien, J., Lindner, M. A., Ziegler, T. & Steffensky, M. (2020). Exploring preschool teachers' science-specific knowledge. *Early Years, 40*(3), 335–350. https://doi.org/10.1080/09575146.2018.1443321

Baston, N. (2022). *Überzeugungen von angehenden Lehrpersonen zur Klassenführung.* Dissertation. *Empirische Erziehungswissenschaft: Band 84* [470 Seiten].

Baumert, J. & Kunter, M. (2006). Stichwort: Professionelle Kompetenz von Lehrkräften. *Zeitschrift für Erziehungswissenschaft, 9*(4), 469–520. https://doi.org/10.1007/s11618-006-0165-2

L.-M. Kraska, *Naturwissenschaftliche Bildung in Kindertageseinrichtungen*, https://doi.org/10.1007/978-3-658-51059-6

Baumert, J. & Kunter, M. (2011). Das Kompetenzmodell von COACTIV. In M. Kunter, J. Baumert, W. Blum, U. Klusmann & Krauss, S. und Neubrand, M. (Hrsg.): (Hrsg.), *Professionelle Kompetenzen von Lehrkräften. Ergebnisse des Forschungsprogramms COACTIV* (S. 29–53). Waxmann.

Baumert, J., Stanat, P. & Demmrich, A. (2001). PISA 2000: Untersuchungsgegenstand, theoretische Grundlagen und Durchführung der Studie. In J. Baumert, E. Klieme, M. Neubrand, M. Prenzel, U. Schiefele, W. Schneider, P. Stanat, K.-J. Tillmann & M. Weiß (Hrsg.), *Springer eBook Collection Humanities, Social Science. PISA 2000: Basiskompetenzen von Schülerinnen und Schülern im internationalen Vergleich* (S. 15–68). VS Verlag für Sozialwissenschaften.

Bayerisches Staatsministerium für Arbeit und Sozialordnung, Familie und Frauen & Staatsinstitut für Frühpädagogik München. (2019). *Der Bayerische Bildungs- und Erziehungsplan für Kinder in Tageseinrichtungen bis zur Einschulung* (10. Auflage). Cornelsen.

Beck, K. & Krapp, A. (2006). Wissenschaftstheoretische Grundfragen der Pädagogischen Psychologie. In A. Krapp & B. Weidemann (Hrsg.), *Pädagogische Psychologie* (S. 33–72). Beltz.

Beher, K. & Walter, M. (2012). *Qualifikationen und Weiterbildung frühpädagogischer Fachkräfte. Bundesweite Befragung von Einrichtungsleitungen und Fachkräften in Kindertageseinrichtungen: Zehn Fragen – Zehn Antworten.: Weiterbildungsinitiative Frühpädagogische Fachkräfte. WiFF Studien* (Bd. 15).

Berg, H. C. (Hrsg.). (2009). *Lehrkunstdidaktik: Bd. 4. Naturphänomene sehen und verstehen: Genetische Lehrgänge ; das Wagenschein-Studienbuch* (4. Auflage). hep.

Billion-Kramer, T. (2021). *Nature of Science: Lernen über das Wesen der Naturwissenschaften. Springer eBook Collection.* Springer VS. https://doi.org/10.1007/978-3-658-33397-3

Blanz, M. (2015). *Forschungsmethoden und Statistik für die Soziale Arbeit: Grundlagen und Anwendungen.* Kohlhammer Verlag.

Blömeke, S., Kaiser, G. & Lehmann, R. (Hrsg.). (2008). *Professionelle Kompetenz angehender Lehrerinnen und Lehrer: Wissen, Überzeugungen und Lerngelegenheiten deutscher Mathematikstudierender und -referendare ; erste Ergebnisse zur Wirksamkeit der Lehrerausbildung.* Waxmann.

Blömeke, S., Kaiser, G. & Lehmann, R. (2010). *TEDS-M 2008. Professionelle Kompetenz und Lerngelegenheiten angehender Mathematiklehrkräfte für die Sekundarstufe I im internationalen Vergleich* (1. Aufl.). Waxmann Verlag GmbH.

Blömeke, S., König, J., Suhl, U., Hoth, J. & Döhrmann, M. (2015). Wie situationsbezogen ist die Kompetenz von Lehrkräften? Zur Generalisierbarkeit der Ergebnisse von videobasierten Performanztests. *Zeitschrift für Pädagogik, 3*(61), 310–327. https://doi.org/10.25656/01:15350

Blossfeld, H.-P., Bos, W., Daniel, H.-D., Hannover, B., Lenzen, D., Prenzel, M., Roßbach, H.-G., Tippelt, R. & Wößmann, L. (2012). *Professionalisierung in der Frühpädagogik. Qualifikationsniveau und -bedingungen des Personals in Kindertagesstätten. Gutachten.* Waxmann : Münster. https://doi.org/10.25656/01:13996

Bohnsack, R. (2014). Habitus, Norm und Identität. In W. Helsper (Hrsg.), *Studien Zur Schul- und Bildungsforschung Ser: v.50. Schülerhabitus: Theoretische und Empirische Analysen Zum Bourdieuschen Theorem der Kulturellen Passung* (1st ed., S. 33–55). Springer Fachmedien Wiesbaden GmbH.

Bolte, C., Dade, J. & Krüger, D. (2009). Entwicklung und Erprobung eines Modul zur Ausbildung angehender Erzieher /-innen für den Bildungsbereich „Naturwissenschaftliche und technische Grunderfahrung". In R. Lauterbach, H. Giest & B. Marquardt-Mau (Hrsg.), *Probleme und Perspektiven des Sachunterrichts: Band 19. Lernen und kindliche Entwicklung: Elementarbildung und Sachunterricht* (S. 117–124). Verlag Julius Klinkhardt.

Brämer, R. (2013). *Auf falscher Fährte Auf falscher Fährte. Ungereimtheiten im zeitgenössischen Naturbild und ihre Widerspiegelung im Jugendreport Natur.* https://www.wanderforschung.de/files/falsche-faehrte_1310281257.pdf

Brandl, T. (2016). *Kindliches Lernen und pädagogisches Handeln im Kindergarten. Subjektive Theorien angehender Kindheitspädagoginnen und Kindheitspädagogen.* Logos.

Brickhouse, N. W. (1990). Teachers' Beliefs About the Nature of Science and Their Relationship to Classroom Practice. *Journal of Teacher Education, 41*(3), 53–62. https://doi.org/10.1177/002248719004100307

Brosius, H.-B., Haas, A. & Koschel, F. (2012). *Methoden der empirischen Kommunikationsforschung: Eine Einführung* (6., durchges. Aufl. 2012). *Studienbücher zur Kommunikations- und Medienwissenschaft.* VS Verlag für Sozialwissenschaften.

Bruner, C., Winklhofer, F. & Zinser, C. (2001). *Partizipation ein Kinderspiel? BETEILIGUNGSMODELLE IN KINDERTAGESSTÄTTEN, SCHULEN, KOMMUNEN UND VERBÄNDEN.* Bundesministerium für Familie. https://www.dji.de/fileadmin/user_upload/bibs/4_Partizipation-Ein_Kinderspiel.pdf

Bühler, E., Grab, B., Rehm, M., Lohse-Bossenz, H., Lange-Schubert, K. & Billion-Kramer, T. (2023). Naturwissenschaftliche Denk- und Arbeitsweisen in der frühen Bildung. In H. van Vorst (Hrsg.), *Lernen, Lehren und Forschen in einer digital geprägten Welt.Gesellschaft für Didaktik der Chemie und Physik. Jahrestagung in Aachen 2022* (S. 532–535). Gesellschaft für Didaktik der Chemie und Physik.

Bühner, M. (2005). *Einführung in die Test- und Fragebogenkonstruktion* [Nachdr.]. *ps Methoden/Diagnostik.* Pearson Studium.

Bülow, K. von. (2011). *Anschlussfähigkeit von Kindergarten und Grundschule: Rekonstruktion von subjektiven Bildungstheorien von Erzieherinnen und Lehrerinnen.* Zugl.: Würzburg, Univ.,Phil. Fak., Diss., 2010. *Klinkhardt-Forschung.* Klinkhardt.

Bundesministerium für Bildung und Forschung. (o.J.). *Der Deutsche Qualifikationsrahmen für lebenslanges Lernen.* https://www.dqr.de/dqr/de/der-dqr/wie-ist-der-dqr-aufgebaut/wie-ist-der-dqr-aufgebaut_node.html

Bundesministerium für Familie, Senioren, Frauen und Jugend. (2022). *Monitoringbericht zum KiQuTG 2022.* https://www.bmfsfj.de/resource/blob/208536/e09e054e185731d16a93f15d94783dbd/monitoringbericht-zum-kiqutg-2022-data.pdf

Bundesministerium für Familie, Senioren, Frauen und Jugend. (2024). *Gute Kinderbetreuung – Ausbau der Kindertagesbetreuung: Gesetze und Investitionsprogramme.* https://www.bmfsfj.de/bmfsfj/themen/familie/kinderbetreuung/kita-ausbau

Bundesministerium für Umwelt, Naturschutz und nukleare Sicherheit. (2021). *Jugend-Naturbe-wusstsein 2020. Bevölkerungsumfrage zu Natur und biologischer Vielfalt.* https://www.bfn.de/sites/default/files/2022-09/20210428_Jugend-Naturbewusstsein2020_bfrei.pdf

Carstensen, C. H., Lankes, E.-M. & Steffensky, M. (2011). Ein Modell zur Erfassung naturwissenschaftlicher Kompetenz im Kindergarten. *Zeitschrift für Erziehungswissenschaft : ZfE*, *14*(4), 651–669.

Cho, H., Kim, J. & Choi, D.-H. (2003). Early Childhood Teachers' Attitudes toward Science Teaching: A Scale Validation Study. *Educational research quarterly*, *27*(2), 33–42.

Chomsky, N. (2006). *Language and mind* (3rd ed.). Cambridge University Press.

Cleff, T. (2015). *Deskriptive Statistik und explorative Datenanalyse: Eine computergestützte Einführung mit Excel, SPSS und STATA* (3., überarbeitete und erweiterte Auflage). *Springer-Gabler Lehrbuch*. Springer Gabler. https://doi.org/10.1007/978-3-8349-4748-2

Dann, H.-D. (1992). Subjective theories and their social foundation in education. In M. von Cranach, W. Doise & G. Mugny (Hrsg.), *Swiss Monographs in psychology: Bd. 1. Social representations and the social bases of knowledge* (S. 161–168). Hogrefe & Huber.

Dawes, R. M. (1977). *Grundlagen der Einstellungsmessung*. Beltz.

Dittmer, A. (2018). Wirksamer Biologieunterricht sollte zum Nachdenken anregen. In M. Wilhelm (Hrsg.), *Unterrichtsqualität: Band 1. Wirksamer Biologieunterricht* (1st ed., S. 44–53). Schneider Verlag Hohengehren GmbH; W. Bertelsmann Verlag.

Dittmer, A. & Gebhard, U. (2021). Zur Unverfügbarkeit von Bildungs- und Erfahrungsprozessen am Beispiel Natur. In U. Gebhard (Hrsg.), *Naturerfahrung und Bildung*. Springer Fachmedien Wiesbaden GmbH.

Dobrick, M. (2011). *Demokratie in Kinderschuhen: Partizipation & KiTas* (2nd ed.). *Frühe Bildung und Erziehung*. Vandenhoeck & Ruprecht. https://ebookcentral.proquest.com/lib/kxp/detail.action?docID=979672

Döring, N. & Bortz, J. (2016). *Forschungsmethoden und Evaluation in den Sozial- und Humanwissenschaften* (5. vollständig überarbeitete, aktualisierte und erweiterte Auflage). *SpringerLink Bücher*. Springer. https://doi.org/10.1007/978-3-642-41089-5

Drexl, D., Born-Rauchenecker, E. & Kalicki, B. (2019). Naturwissenschaftliche Einstellungen angehender pädagogischer Fachkräfte. *Frühe Bildung*, *8*(1), 30–36. https://doi.org/10.1026/2191-9186/a000408

Drieschner, E. (2018). Neuere frühpädagogische Ansätze. In T. Schmidt & W. Smidt (Hrsg.), *Handbuch empirische Forschung in der Pädagogik der frühen Kindheit* (S. 141–153). Waxmann.

Drieschner, E. & Gaus, D. (2017). Was sind pädagogische Konzepte? Probleme ihrer Begriffsbestimmung, Funktionalität und Bewertung. *Pädagogische Rundschau*(71(3/4), 399–408.

Dubberke, T., Kunter, M., McElvany, N., Brunner, M. & Baumert, J. (2008). Lerntheoretische Überzeugungen von Mathematiklehrkräften. *Zeitschrift für Pädagogische Psychologie*, *22*(34), 193–206. https://doi.org/10.1024/1010-0652.22.34.193

Duit, R. (2004). *Naturwissenschaftliches Arbeiten : Unterricht und Material 5–10*. Friedrich.

Dunekacke, S [Simone], Jenßen, L [Lars], Eilerts, K. & Blömeke, S. (2016). Epistemological beliefs of prospective preschool teachers and their relation to knowledge, perception, and planning abilities in the field of mathematics: a process model. *ZDM*, *48*(1–2), 125–137. https://doi.org/10.1007/s11858-015-0711-6

Edelmann, D. & Tippelt, R. (2004). Kompetenz -Kompetenzmessung: ein (kritischer) Überblick. *Durchblick : Zeitschrift für Ausbildung, Weiterbildung und berufliche Integration*(3), 7–10.

Eisel, U. (1992). Die schöne Landschaft als kritische Utopie oder als konservatives Relikt. Über Kristallisation gegenerischer politischer Philosophien im Symbol „Landschaft". *Soziale Welt. Zeitschrift für sozialwissenschaftliche Forschung und Praxis*(2), 157–168.

Erden, F. T. & Sönmez, S. (2011). Study of Turkish Preschool Teachers' Attitudes toward Science Teaching. *International Journal of Science Education, 33*(8), 1149–1168. https://doi.org/10.1080/09500693.2010.511295

Falkenburg, B. (2020). Natur. In T. Kirchhoff, N. C. Karafyllis, D. Evers, B. Falkenburg, M. Gerhard, G. Hartung, J. Hübner, K. Köchy, U. Krohs, T. Potthast, O. Schäfer, G. Schiemann, M. Schlette, R. Schulz & F. Vogelsang (Hrsg.), *Naturphilosophie: Ein Lehr- und Studienbuch* (2. aktual. Aufl., S. 96–102). utb GmbH.

Fischler, H. (2004). Lehrervorstellungen zum Lehren und Lernen in den Naturwissenschaften. In M. Looß (Hrsg.), *Naturwissenschaftlich-technischer Unterricht auf dem Weg in die Zukunft: Neue Ansätze aus Theorie und Praxis ; [erste bundesweite und interdisziplinäre Tagung zum Thema „Naturwissenschaftlich-technischer Unterricht auf dem Weg in die Zukunft. Neue Ansätze aus Theorie und Praxis" ; 13. und 14. Juni 2003 am Institut für Fachdidaktik der Naturwissenschaften (IFdN) der TU Braunschweig* (S. 123–131). Lang.

Fiske, S. T. & Taylor, S. E. (2021). *Social cognition: From brains to culture* (4th edition). SAGE Publications Ltd.

Flick, U. (2014). *Qualitative Sozialforschung: Eine Einführung* (6. Auflage, Originalausgabe). *Rororo Rowohlts Enzyklopädie: Bd. 55694.* rowohlts enzyklopädie im Rowohlt Taschenbuch Verlag.

Forgasz, H. J. & Leder, G. C. (2008). Beliefs about mathematics and mathematics teaching. In P. Sullivan & T. Wood (Hrsg.), *The international handbook of mathematics teacher education / Series ed: Bd. 1. Knowledge and beliefs in mathematics teaching and teaching development* (S. 173–192). Sense Publ.

Forschergeist Wettbewerb. (2016). *Fragebogen.*

Forschergeist Wettbewerb. (2020). *Kita-Wettbewerb „Forschergeist 2020".* https://www.forschergeist-wettbewerb.de/

Frey, D., Stahlberg, D. & Gollwitzer, P. M. (2009). Einstellungen und Verhalten. Die Theorie des überlegten Handelns und die Theorie des geplanten Verhaltens. In D. Frey (Hrsg.), *Theorien der Sozialpsychologie* (2., vollst. überarb. u. erw. Aufl., 3. Nachdr, S. 361–398). Huber.

Fried, L. (2003). Pädagogische Programme und subjektive Orientierungen. In L. Fried (Hrsg.), *Studium Paedagogik. Einführung in die Pädagogik der frühen Kindheit* (S. 54–85). Beltz.

Fröhlich-Gildhoff, K., Nentwig-Gesemann, I. & Pietsch, S. (2011). *Kompetenzorientierung in der Qualifizierung frühpädagogischer Fachkräfte.: Weiterbildungsinitiative Frühpädagogische Fachkräfte. WiFF Expertise* (Bd. 19).

Fröhlich-Gildhoff, K., Nentwig-Gesemann, I., Pietsch, S., Köhler, L. & Koch, M. (2014). *Kompetenzentwicklung und Kompetenzerfassung in der Frühpädagogik. Konzepte und Methoden.* (Bd. 13). Materialien zur Frühpädagogik.

Früh, W. (2017). *Inhaltsanalyse: Theorie und Praxis* (9., überarbeitete Auflage). *utb-studi-e-book: Bd. 2501.* UVK. https://doi.org/10.36198/9783838547350

Fthenakis, W. E. (2004). Implikationen und Impulse für die Weiterentwicklung von Bildungsqualität in Deutschland. In W. E. Fthenakis (Hrsg.), *Frühpädagogik international: Bildungsqualität im Blickpunkt* (1. Aufl., S. 387–402). VS Verl. für Sozialwissenschaften.

Fthenakis, W. E., Wendell, A., Eitel, A., Daut, M. & Schmitt, A. (2012 // 2009). *Natur-Wissen schaffen // Frühe naturwissenschaftliche Bildung. Natur-Wissen schaffen: Bd. 3.* LOGO Lern-Spiel-Verlag; Bildungsverlag Eins.

Gasteiger, H. & Benz, C. (2016). Mathematikdidaktische Kompetenz von Fachkräften im Elementarbereich – ein theoriebasiertes Kompetenzmodell. *Journal für Mathematik-Didaktik, 37*(2), 263–287. https://doi.org/10.1007/s13138-015-0083-z

Gebhard, U. (Hrsg.). (2013). *Kind und Natur: Die Bedeutung der Natur Für Die Psychische Entwicklung* (4th ed.). Springer Fachmedien Wiesbaden GmbH.

Gebhard, U. (Hrsg.). (2021). *Naturerfahrung und Bildung.* Springer Fachmedien Wiesbaden GmbH. https://ebookcentral.proquest.com/lib/kxp/detail.action?docID=6875139

Gebhard, U., Höttecke, D. & Rehm, M. (2017). *Pädagogik der Naturwissenschaften.* Springer Fachmedien Wiesbaden. https://doi.org/10.1007/978-3-531-19546-9

Gebhard, U. & Rehm, M. (2018). Auf dem Weg zum Verstehen der Welt: Sinn und Bedeutung früher naturwissenschaftlicher Bildung. In Deutsches Jugendinstitut/ Weiterbildungsinitiative Frühpädagogische Fachkräfte (Hrsg.), *WiFF Wegweiser Weiterbildung: Band 13. Frühe naturwissenschaftliche Bildung: Grundlagen für die kompetenzorientierte Weiterbildung : ein Wegweiser der Weiterbildungsinitiative Frühpädagogische Fachkräfte (WiFF)* (S. 13–20). Deutsches Jugendinstitut e.V.

Gheith, E. & Al-Shawareb, A. (2016). Correlation between Kindergarten Teachers' Attitudes toward Teaching Science and Their Teaching Practices. *American Journal of Educational Research*(4), 320–328.

Glasman, L. R. & Albarracín, D. (2006). Forming attitudes that pre- dict future behavior: A metaanalysis of the Forming attitudes that predict future behavior: A metaanalysis of the attitude-behavior relation attitude-behavior relation. *Psychological Bulletin*(132), 778–822.

Gräber, W. & Nentwig, P. (2002). Scientific Literacy – Naturwissenschaftliche Grundbildung in der Diskussion. In W. Gräber, P. Nentwig, T. Koballa & R. Evans (Hrsg.), *Scientific Literacy: Der Beitrag der Naturwissenschaften zur Allgemeinen Bildung* (S. 7–20). Leske & Budrich.

Gräsel, C. & Trempler, K. (Hrsg.). (2017). *Entwicklung von Professionalität pädagogischen Personals: Interdisziplinäre Betrachtungen, Befunde und Perspektiven.* Springer VS. https://doi.org/10.1007/978-3-658-07274-2

Grell, F. (2018). Klassische frühpädagogische Ansätze. In T. Schmidt & W. Smidt (Hrsg.), *Handbuch empirische Forschung in der Pädagogik der frühen Kindheit* (S. 120–140). Waxmann.

Groeben, N. & Scheele, B. (2010). Das Forschungsprogramm Subjektive Theorien. In G. Mey & K. Mruck (Hrsg.), *Handbuch Qualitative Forschung in der Psychologie* (1. Auflage, S. 151–165). VS Verlag.

Groeben, N., Wahl, D., Schlee, J. & Scheele, B. (1988). *Das Forschungsprogramm subjektive Theorien: Eine Einführung in die Psychologie des reflexiven Subjekts.* Francke. https://www.ssoar.info/ssoar/handle/document/2765

Guo, Y., Piasta, S. B., Justice, L. M. & Kaderavek, J. N. (2010). Relations among preschool teachers' self-efficacy, classroom quality, and children's language and literacy gains. *Teaching and Teacher Education, 26*(4), 1094–1103. https://doi.org/10.1016/j.tate.2009.11.005

Haddock, G. & Maio, G. R. (2023). Einstellungen: Inhalt, Struktur und Funktionen. In K. Jonas, W. Stroebe, M. Hewstone, C. I. Lebherz, M. Reiss & J. Ullrich (Hrsg.), *Bachelor, Master. Sozialpsychologie: Eine Einführung ; mit 17 Tabellen* (5., vollst. überarb. Aufl. / / 7., vollständig überarbeitete Auflage, S. 187–223). Springer.

Hansen, R., Knauer, R. & Friedrich, B. (2006). *Die Kinderstube der Demokratie: Partizipation in Kindertageseinrichtungen.* https://www.kinder-beteiligen.de/dnld/kinderstubedemokratie.pdf

Harlen, W. (2006). *Teaching, learning and assessing science 5–12* (4. ed.). SAGE.

Hartinger, A., Kleickmann, T. & Hawelka, B. (2006). Der Einfluss von Lehrervorstellungen zum Lernen und Lehren auf die Gestaltung des Unterrichts und auf motivationale Schülervariablen. *Zeitschrift für Erziehungswissenschaft*, *9*(1), 110–126. https://doi.org/10.1007/s11618-006-0008-1

Hildebrandt, F., Walter-Laager, C., Flöter, M. & Pergand, B. (2021). *Abschlussbericht zur Studie BIKA. Beteiligung von Kindern im Kita-Alltag.* achhochschule Potsdam/ Entwicklungsinstitut PädQUIS/. https://www.kompetenznetzwerk-deki.de/fileadmin/user_upload/BiKA_Abschlussbericht.pdf

Hoffmann, N. (2018). *Dokumentenanalyse in der Bildungs- und Sozialforschung: Überblick und Einführung. Grundlagentexte Methoden.* Beltz.

Hossiep, R. (2022). *Cronbachs Alpha: Dorsch Lexikon der Psychologie.* https://dorsch.hogrefe.com/stichwort/cronbachs-alpha

Hößle, C., Höttecke, D. & Kircher, E. (Hrsg.). (2004). *Lehren und Lernen über die Natur der Naturwissenschaften.* Schneider Verlag Hohengehren GmbH.

Höttecke, D. & Hopf, M. (2018). Schülervorstellungen zur Natur der Naturwissenschaften. In H. Schecker, T. Wilhelm, M. Hopf, R. Duit, H. Fischler, C. Haagen-Schützenhöfer, D. Höttecke, R. Müller & R. Wodzinski (Hrsg.), *Lehrbuch. Schülervorstellungen und Physikunterricht: Ein Lehrbuch für Studium, Referendariat und Unterrichtspraxis* (S. 272–287). Springer Spektrum.

Huf, C., Stenger, U., Stieve, C., Bilgi, O., Kluge, M. & Wehner, U. (Hrsg.). (2023). *DGfE-Kommission Pädagogik der frühen Kindheit. Zur Verwobenheit von Natur und Kultur: Theoriebildung und Forschungsperspektiven in der Pädagogik der frühen Kindheit*. Beltz Verlagsgruppe.

Humboldt, W. von. (1903). *Wilhelm von Humboldts Werke, Bd. 1, 1785–1795* (Photomekanischer Nachdruck. Reprint 2015). *Wilhelm von Humboldts gesammelte Schriften: Band 1. Erste Abteilung. Werke 1.* De Gruyter.

Jenßen, L [L.], Thiel, O., Dunekacke, S [S.] & Blömeke, S. (2020). Mathematikangst bei angehenden frühpädagogischen Fachkräften: Bedeutsam für professionelles Wissen und Wahrnehmung von mathematischen Inhalten im Kita-Alltag? *Journal für Mathematik-Didaktik*, *41*(2), 301–327. https://doi.org/10.1007/s13138-019-00151-1

Johnson-Laird, P. N. (1995). *Mental models: Towards a cognitive science of language, inference, and consciousness* (6. print). *Cognitive science series: Bd. 6*. Harvard Univ. Press.

Kaiser, G. & Maaß, K. (2007). Modelling in Lower Secondary Mathematics Classroom — Problems and Opportunities, *10*, 99–108. https://doi.org/10.1007/978-0-387-29822-1_8

Kasa, Y., Areaya, S. & Woldemichael, M. (2024). Relationship between university teachers' beliefs about teaching mathematics and their instructional practices. *Cogent Education*, *11*(1), Artikel 2335838. https://doi.org/10.1080/2331186X.2024.2335838

Kattmann, U. (1997). Der Mensch in der Natur. Die Doppelrolle des Menschen als Tier- und Umweltethik. *Ethik und Sozialwissenschaften. Streitforum für Erwägenskultur*(2), 123–130.

Keil, J. & Pasternack, P. (2011). *Qualifikationsprofile in Arbeitsfeldern der Pädagogik der Kindheit. Ausbildungswege im Überblick.* Robert Bosch Stifrung.

Kircher, E. & Dittmer, A. (2004). Lehren und Lernen über die Natur der Naturwissenschaften – ein Überblick. In C. Hößle, D. Höttecke & E. Kircher (Hrsg.), *Lehren und Lernen über die Natur der Naturwissenschaften.* (S. 2–22). Schneider Verlag Hohengehren GmbH.

Kirchhoff, T. (2024). Mensch und Natur Über Naturauffassungen von Erwachsenen, Jugendlichen und Kindern. In R. Braches-Chyrek, J. Moran-Ellis, C. Röhner, H. Sünker, S. Gaubitz & K. Wenzel (Hrsg.), *Handbuch Kindheit, Ökologie und Nachhaltigkeit* (S. 87–101). Verlag Barbara Budrich.

Kirchhoff, T., Karafyllis, N. C., Evers, D., Falkenburg, B., Gerhard, M., Hartung, G., Hübner, J., Köchy, K., Krohs, U., Potthast, T., Schäfer, O., Schiemann, G., Schlette, M., Schulz, R. & Vogelsang, F. (Hrsg.). (2020). *Naturphilosophie: Ein Lehr- und Studienbuch* (2. aktual. Aufl.). utb GmbH. http://nbn-resolving.org/urn:nbn:de:bsz:24-epflicht-1732317

Kitzenmaier, R. (2021). *Personalausbau in den Kindertages einrichtungen – Wer betreut unsere Kinder? Keine Betreuung ohne Personal.* Statistisches Monatsheft Baden-Württemberg 2/2021. https://www.statistik-bw.de/Service/Veroeff/Monatshefte/PDF/Beitrag21_02_02.pdf

Klieme, E., Avenarius, H., Blum, W., Döbrich, P., Gruber, H., Prenzel, M., Reiss, K., Riquarts, K., Rost, J., Tenorth, H.-E. & Vollmer, H. J. (Hrsg.). (2003). *Zur Entwicklung nationaler Bildungsstandards. Eine Expertise.* BMBF : Bonn, Berlin. https://doi.org/10.25656/01:20901

Kluczniok, K., Anders, Y. & Ebert, S. (2011). Fördereinstellungen von Erzieherinnen. *Frühe Bildung*, 13–21. https://doi.org/10.1026/2191-9186/a000002

Kluge, N. (2013). Das Bild des Kindes in der Pädagogik der frühen Kindheit. In L. Fried & S. Roux (Hrsg.), *Frühe Kindheit Ausbildung & Studium. Handbuch Pädagogik der frühen Kindheit* (3., überarb. Aufl., S. 143–204). Cornelsen.

Koll, H. & Brämer, R. (2021). *Natur auf Distanz.* https://stadtundland-nrw.de/wp-content/uploads/2021/06/8.-Jugendreport-Natur-2021.pdf

Köller, O., Baumert, J. & Neubrand, J. (2000). Epistemologische Überzeugungen und Fachverständnis im Mathematik- und Physikunterricht. In Baumert, Jürgen (Hrsg.), *TIMSS-III. Dritte Internationale Mathematik- und Naturwissenschaftsstudie. Mathematische und naturwissenschaftliche Bildung am Ende der Schullaufbahn. 2. Mathematische und physikalische Kompetenzen am Ende der gymnasialen Oberstufe.* (S. 229–269). Leske und Budrich.

König, A. (2009). *Interaktionsprozesse zwischen ErzieherInnen und Kindern:eine Videostudie aus dem Kindergartenalltag.* Dissertation (1. Auflage). *VS Research* [293 Seiten].

König, E. (2002). Qualitative Forschung im Bereich subjektiver Theorien. In König, Eckard, Zedler, Peter (Hrsg.), *UTB: Bd. 8218. Qualitative Forschung: Grundlagen und Methoden* (2., völlig überarb. Aufl., S. 55–69). Beltz.

Kosslyn, S. M. (1980). *Image and mind.* Harvard University Press.

Köster, H. (2006). *Freies Explorieren und Experimentieren: Eine Untersuchung zur selbstbestimmten Gewinnung von Erfahrungen mit physikalischen Phänomenen im Sachunterricht* [Dissertation]. K10plus.

Kraska, L. (2019). Handlungsleitende Orientierungen pädagogischer Fachkräfte im Kontext naturwissenschaftlicher Bildung in Kindertageseinrichtungen. In D. Weltzien, H. Wadepohl, C. Schmude, H. Wedekind & A. Jegodtka (Hrsg.), *Materialien zur Frühpädagogik: Band 23. Forschung in der Frühpädagogik XII: Interaktionen und Settings in der frühen MINT-Bildung* (121-?). FEL Verlag Forschung-Entwicklung-Lehre.

Krebs, A. (2020a). Einleitung. In A. Krebs (Hrsg.), *Suhrkamp-Taschenbuch Wissenschaft: Bd. 1262. Naturethik: Grundtexte der gegenwärtigen tier- und ökoethischen Diskussion* (9. Auflage, S. 7–12). Suhrkamp.

Krebs, A. (Hrsg.). (2020b). *Suhrkamp-Taschenbuch Wissenschaft: Bd. 1262. Naturethik: Grundtexte der gegenwärtigen tier- und ökoethischen Diskussion* (9. Auflage). Suhrkamp.

Krebs, A. (2020c). Naturethik im Überblick. In A. Krebs (Hrsg.), *Suhrkamp-Taschenbuch Wissenschaft: Bd. 1262. Naturethik: Grundtexte der gegenwärtigen tier- und ökoethischen Diskussion* (9. Auflage, S. 337–357). Suhrkamp.

Krebs, D. & Menold, N. (2022). Gütekriterien quantitativer Sozialforschung. In N. Baur & J. Blasius (Hrsg.), *Handbuch Methoden der empirischen Sozialforschung* (3., vollständig überarbeitete und erweiterte Auflage, S. 549–565). Springer VS.

Kucharz, D. (Hrsg.). (2014). *Professionelles Handeln im Elementarbereich (PRIMEL): Eine deutsch-schweizerische Videostudie* (1. Aufl.). Waxmann Verlag.

Kuckartz, U. (2016). *Qualitative Inhaltsanalyse. Methoden, Praxis, Computerunterstützung* (3., überarbeitete Auflage). *Grundlagentexte Methoden.* Beltz.

Kuhn, D. (2011). What is scientific thinking and how does it develop? In U. Goswami (Hrsg.), *The Wiley-Blackwell handbook of childhood cognitive development* (S. 497–523). Wiley Blackwell.

Kuhn, N., Lankes, E.-M. & Steffensky, M. (2012). Vorstellungen von pädagogischen Fachkräften zum Lernen von Naturwissenschaften. In H. Giest, E. Heran-Dörr & C. Archie (Hrsg.), *Probleme und Perspektiven des Sachunterrichts: Band 22. Lernen und Lehren im Sachunterricht: Zum Verhältnis von Konstruktion und Instruktion* (S. 183–190). Verlag Julius Klinkhardt.

Kultusministerkonferenz. (2004). *Gemeinsamer Rahmen der Länder für die frühe Bildung in Kindertageseinrichtungen.* https://www.kmk.org/fileadmin/veroeffentlichungen_beschluesse/2004/2004_06_03-Fruehe-Bildung-Kindertageseinrichtungen.pdf

Kultusministerkonferenz. (2010). *Weiterentwicklung der Aus-, Fort- und Weiterbildung von Erzieherinnen und Erziehern Gemeinsamer Orientierungsrahmen „Bildung und Erziehung in der Kindheit".* https://www.kmk.org/fileadmin/Dateien/veroeffentlichungen_beschluesse/2010/2010_09_16-Ausbildung-Erzieher-KMK-JFMK.pdf

Kunter, M., Baumert, J., Blum, W., Klusmann, U. & Krauss, S. und Neubrand, M. (Hrsg.): (Hrsg.). (2011). *Professionelle Kompetenzen von Lehrkräften. Ergebnisse des Forschungsprogramms COACTIV*. Waxmann.

Kunter, M. & Voss, T. (2011). Das Modell der Unterrichtsqualität in COACTIV: Eine multikriteriale Analyse. In M. Kunter, J. Baumert, W. Blum, U. Klusmann, S. Krauss & M. Neubrand (Hrsg.), *Professionelle Kompetenz von Lehrkräften: Ergebnisse des Forschungsprogramms COACTIV* (S. 85–113). Waxmann.

Labudde, P. (2014). Fächerübergreifender naturwissenschaftlicher Unterricht? Mythen, Definitionen, Fakten. *Zeitschrift für Didaktik der Naturwissenschaften, 20*(1), 11–119.

Lamnek, S. (1995). *Qualitative Sozialforschung: Methoden und Techniken* (3., korrigierte Auflage). *Qualitative Sozialforschung: Band 2*. Beltz.

Lankes, E.-M., Steffensky, M. & Carstensen, C. H. (2011). naturwissenschaftliche experimente im kindergarten – Didaktische Analyse von Materialien zum experimentieren. *Zeitschhrift für Grundschulforschung*, 86–99.

Larsson, J. (2016). *När fysik blir lärområde i förskolan. Gothenburg studies in educational sciences: Bd. 390*. Acta universitatis Gothoburgensis.

Leder, G. C., Pehkonen, E. & Törner, G. (Hrsg.). (2002). *Mathematics education library: Bd. 31. Beliefs: A hidden variable in mathematics education?* (Softcover reprint of the hardcover 1st edition 2002). Kluwer Academic Publ.

Lederman, N. G., Abd-El-Khalick, F., Bell, R. L. & Schwartz, R. S. (2002). Views of nature of science questionnaire: Toward valid and meaningful assessment of learners' conceptions of nature of science. *Journal of Research in Science Teaching, 39*(6), 497–521. https://doi.org/10.1002/tea.10034

Leuchter, M. (Hrsg.). (2010). *Lehren lernen. Didaktik für die ersten Bildungsjahre: Unterricht mit 4- bis 8-jährigen Kindern* (1. Auflage). Klett und Balmer Verlag.

Leuchter, M. (2017). *Kinder erkunden die Welt: Frühe naturwissenschaftliche Bildung und Förderung*. Kohlhammer Verlag. http://nbn-resolving.org/urn:nbn:de:bsz:24-epflicht-1280843

Mackowiak, K., Küsshauer, C., Budnik, L. & Mai, M. (2022). Bildungsverständnis von pädagogischen Fachkräften in Kitas. *Frühe Bildung, 11*(3), 140–147. https://doi.org/10.1026/2191-9186/a000575

Mackowiak, K., Wadepohl, H. & Bosshart, S. (2014). Analyse der Kompetenzen von pädagogischen Fachkräften im Freispiel und in Bildungsangeboten. In D. Kucharz (Hrsg.), *Professionelles Handeln im Elementarbereich (PRIMEL): Eine deutsch-schweizerische Videostudie* (1. Aufl., S. 179–204). Waxmann Verlag.

Maier, M. F., Greenfield, D. B. & Bulotsky-Shearer, R. J. (2013). Development and validation of a preschool teachers' attitudes and beliefs toward science teaching questionnaire. *Early Childhood Research Quarterly, 28*(2), 366–378. https://doi.org/10.1016/j.ecresq.2012.09.003

Mandl, H. & Huber, G. L. (1983). Subjektive Theorien von Lehrern. *Psychologie in Erziehung und Unterricht, 2*(30), 98–112.

Markic, S. (2008). *Studies on Freshman Science Student Teachers' beliefs about science teaching and learning*. Zugl.: Bremen, Univ., Diss., 2008 (1. Aufl.). *Beiträge zur Didaktik*. Shaker.

Markic, S., Valanides, N. & Eilks, I. (2008). Developing a tool to evaluate differences in beliefs on science teaching and learning of freshman science student teachers' from different science teaching domains: A case study. *Eurasia Journal of Mathematics, Science and Technology Education, 5*(2), 109–120.

Mashburn, A. J., Pianta, R. C., Hamre, B. K., Downer, J. T., Barbarin, O. A., Bryant, D., Burchinal, M., Early, D. M. & Howes, C. (2008). Measures of classroom quality in prekindergarten and children's development of academic, language, and social skills. *Child Development, 79*(3), 732–749. https://doi.org/10.1111/j.1467-8624.2008.01154.x

Matthews, M. R. (2011). Changing the Focus: From Nature of Science (NOS) to Features of Science (FOS). In M. S. Khine (Hrsg.), *Advances in Nature of Science Research* (S. 3–26). Springer.

Mayring, P. (2015). *Qualitative Inhaltsanalyse: Grundlagen und Techniken* (12., vollständig überarbeitete und aktualisierte Auflage). *Beltz Pädagogik*. Beltz.

Mayring, P. & Brunner, E. (2013). Qualitative Inhaltsanalyse. In B. Friebertshäuser, A. Langer & A. Prengel (Hrsg.), *Handbuch Qualitative Forschungsmethoden in der Erziehungswissenschaft* (4., durchgesehene Auflage, S. 323–334). Beltz.

Mey, G., Schmitt, A., Schwentesius, A., Wolf, S. & Kraft, M. (2012). „Ich denk das sind auch so kleine Lernsituationen, die die Kinder so im täglichen Leben mitkriegen." – Mathematische und naturwissenschaftliche Bildungsprozesse in der Kita aus Sicht von Erzieherinnen. In K. Fröhlich-Gildhoff, I. Nentwig-Gesemann & H. Wedekind (Hrsg.), *Materialien zur Frühpädagogik: Bd. 10. Forschung in der Frühpädagogik* (S. 155–184). FEL Verlag Forschung Entwicklung Lehre.

Ministerium für Kultus, Jugend und Sport Baden-Württemberg. (2009). *Lehrplan für das Berufskolleg für Sozialpädagogik Bildung und Entwicklung fördern I Schuljahr 1*. https://www.bildungsplaene-bw.de/site/bildungsplan/get/documents_E-431553874/lsbw/Bildungsplaene-BERS/MediaCenter/bk/bk_I-II/fs_sozpaed_praktik/BK-SozPaed-1jg_Bildung-Entwicklung-I_09_3692_05.pdf

Ministerium für Kultus, Jugend und Sport Baden-Württemberg. (2010). *Lehrplan für das Berufskolleg Fachschule für Sozialpädagogik Bildung und Entwicklungfördern II Schuljahr 1 und 2*. https://www.bildungsplaene-bw.de/site/bildungsplan/get/documents_E-1656581977/lsbw/Bildungsplaene-BERS/MediaCenter/bk/bk_I-II/fs_sozpaed_BK/BK-FS-Sozpaed_Bildung-Entwicklung-I_09_3693_05.pdf

Ministerium für Kultus, Jugend und Sport Baden-Württemberg. (2012). *Lehrplan für das Berufskolleg Forschen und Experimentieren (Wahlpflichtfach) Schuljahr 1 und 2*. https://www.bildungsplaene-bw.de/site/bildungsplan/get/documents_E1855543529/lsbw/Bildungsplaene-BERS/MediaCenter/bk/bk_I-II/fs_sozpaed_BK/BK-FS-Sozpaed_Forschen-Experimentieren_12_3816.pdf

Ministerium für Schule und Bildung des Landes Nordrhein-Westfalen. (2016). *Bildungsgrundsätze: Mehr Chancen durch Bildung von Anfang an ; Grundsätze zur Bildungsförderung für Kinder von 0 bis 10 Jahren in Kindertagesbetreuung und Schulen im Primarbereich in Nordrhein-Westfalen*. Herder.

Mischo, C. (2017). Professionalisierung kindheitspädagogischer Fachkräfte: das Projekt „Ausbildung und Verlauf von Erzieherinnen-Merkmalen (AVE)". In C. Gräsel & K. Trempler (Hrsg.), *Entwicklung von Professionalität pädagogischen Personals: Interdisziplinäre Betrachtungen, Befunde und Perspektiven* (S. 93–112). Springer VS.

Mischo, C. (2024). Kompetenzfacetten kindheitspädagogischer Fachkräfte. *Frühe Bildung*, *13*(2), 103–113. https://doi.org/10.1026/2191-9186/a000641

Mischo, C., Wahl, S., Hendler, J. & Strohmer, J. (2012). Pädagogische Orientierungen angehender frühpädagogischer Fachkräfte an Fachschulen und Hochschulen. *Frühe Bildung*, *1*(1), 34–44. https://doi.org/10.1026/2191-9186/a000005

Mischo, C., Wahl, S., Strohmer, J. & Wolf, C. (2013). Does Early Childhood Teacher Education Affect Students' Cognitive Orientations? *Journal of Education and Training Studies*, *2*(1). https://doi.org/10.11114/jets.v2i1.206

Möller, K. (2009). Was lernen Kinder über Naturwissenschaften im Elementar und Primarbereich?-Einige kritische Bemerkungen. In R. Lauterbach, H. Giest & B. Marquardt-Mau (Hrsg.), *Probleme und Perspektiven des Sachunterrichts: Band 19. Lernen und kindliche Entwicklung: Elementarbildung und Sachunterricht* (S. 165–172). Verlag Julius Klinkhardt.

Möller, K., Kleickmann, T. & Jonen, A. (2004). Zur Veränderung des naturwissenschaftsbezogenen fachspezifisch-pädagogischen Wissens von Grundschullehrkräften durch Lehrerfortbildungen. In A. Hartinger & M. Fölling-Albers (Hrsg.), *Schriftenreihe der Gesellschaft für Didaktik des Sachunterrichts e.V: Bd. 14. Lehrerkompetenzen für den Sachunterricht: 13. Jahrestagung der GDSU im März 2003 in Regensburg* (S. 231–242). Klinkhardt.

Mulhall, P. & Gunstone, R. (2012). Views About Learning Physics Held by Physics Teachers with Differing Approaches to Teaching Physics. *Journal of Science Teacher Education, 23*(5), 429–449. https://doi.org/10.1007/s10972-012-9291-2

Müller-Ruckwitt, A. (2008). *„Kompetenz" – Bildungstheoretische Untersuchungen zu einem aktuellen Begriff*. Zugl.: Bonn, Univ., Diss., 2007. *Bibliotheca Academica Reihe Pädagogik: Bd. 6*. Ergon-Verl.

National Research Council. (1996). *National Science Education Standards*. The National Academy Press.

Nentwig-Gesemann, I., Walther, B., Bakels, E. & Munk, L.-M. (2021). *Kinder als Akteure in Qualitätsentwicklung und Forschung: Eine rekonstruktive Studie zu KiTa-Qualität aus der Perspektive von Kindern.* Bertelsmann Stiftung. https://www.bertelsmann-stiftung.de/fileadmin/files/BSt/Publikationen/GrauePublikationen/Kinder_als_Akteure_in_Qualitaetsentwicklung_und_Forschung_web.pdf

NICHD Early Child Care Research Network (2002). Early Child Care and Children's Development Prior to School Entry: Results from the NICHD Study of Early Child Care. *American Educational Research Journal, 39*(1), 133–164. https://doi.org/10.3102/00028312039001133

OECD. (2017). *PISA 2015 assessment and analytical framework: Science, reading, mathematic, financial literacy and collaborative problem solving* (Revised edition). *PISA*. OECD. https://doi.org/10.1787/9789264281820-en

OECD. (2020). *Building a high-quality early childhood education and care workforce: Further results from the starting strong survey 2018. TALIS*. OECD Publishing. https://doi.org/10.1787/b90bba3d-en

Oppermann, E., Anders, Y. & Hachfeld, A. (2016). The influence of preschool teachers' content knowledge and mathematical ability beliefs on their sensitivity to mathematics in children's play. *Teaching and Teacher Education, 58*, 174–184. https://doi.org/10.1016/j.tate.2016.05.004

Osborne, J., Collins, S., Ratcliffe, M., Millar, R. & Duschl, R. (2003). What "ideas-about-science" should be taught in school science? A Delphi study of the expert community. *Journal of Research in Science Teaching, 40*(7), 692–720. https://doi.org/10.1002/tea.10105

Oser, F. & Blömeke, S. (2012). Überzeugungen von Lehrpersonen. Einführung in den Thementeil. *Zeitschrift für Pädagogik, 58*, 415–421. https://doi.org/10.25656/01:10405 (Zeitschrift für Pädagogik 58 (2012) 4, S. 415–421).

Pajares, M. F. (1992). Teachers' Beliefs and Educational Research: Cleaning Up a Messy Construct. *Review of Educational Research, 62*(3), 307–332. https://doi.org/10.3102/00346543062003307

Perrig, W. J. (1988). Vorstellungen als Phänomen und als theoretisches Konstrukt. *Vorstellungen und Gedächtnis. Lehr- und Forschungstexte Psychologie, 28*, 11–24. https://doi.org/10.1007/978-3-642-74182-1_2

Pianta, R. C., La Paro, K. M. & Hamre, B. K. (2008). *Classroom assessment scoring system: CLASS; manual*. Brookes.

PONS o.A. (2024, 11. Juli). *PONS online Wörterbuch Latein Deutsch*. https://de.pons.com/%C3%BCbersetzung/latein-deutsch/natus

Prenzel, M. & Doll, J. (Hrsg.). (2002). *Bildungsqualität von Schule: Schulische und außerschulische Bedingungen mathematischer, naturwissenschaftlicher und überfachlicher Kompetenzen*. Beltz. https://doi.org/10.25656/01:7862

Prenzel, M., Geiser, H., Langeheine, R. & Lobemeier, K. (2003). Das naturwissenschaftliche Verständnis am Ende der Grundschule. In W. Bos & E.-M. Lankes (Hrsg.), *Erste Ergebnisse aus IGLU: Schülerleistungen am Ende der vierten Jahrgangsstufe im internationalen Vergleich* (S. 143–188). Waxmann.

Prenzel, M., Seidel, T., Lehrke, M., Rimmele, R., Duit, R., Euler, M., Geiser, H., Hoffmann, L., Müller, C. & Widodo, A. (2002). Lehr-Lernprozesse im Physikunterricht – eine Videostudie. In M. Prenzel & J. Doll (Hrsg.), *Bildungsqualität von Schule: Schulische und außerschulische Bedingungen mathematischer, naturwissenschaftlicher und überfachlicher Kompetenzen* (S. 139–156). Beltz.

Rank, A. (2020). Pädagogische Orientierungen zum Schriftspracherwerb von Fachkräften im Kindergarten (2006 und 2016). *Zeitschhrift für Grundschulforschung*(13 (2). https://doi.org/10.1007/s42278-020-00088-2

Rehm, M. (2015). Verstehen im naturwissenschaftlichen Unterricht? In U. Gebhard (Hrsg.), *Sinn im Dialog. Zur Möglichkeit sinnkon- stituierender Lernprozesse im Fachunterricht / / Sinn Im Dialog: Zur Möglichkeit Sinnkonstituierender Lernprozesse Im Fachunterricht* (S. 199–216). Springer Fachmedien Wiesbaden GmbH.

Reinmann, G. & Mandl, H. (2006). Unterricht und Lernumgebungen gestalten. In A. Krapp & B. Weidemann (Hrsg.), *Pädagogische Psychologie* (S. 613–658). Beltz.

Reusser, K., Pauli, C. & Elmer, A. (2014). Berufsbezogene Überzeugungen von Lehre- rinnen und Lehrern. In E. Terhart, H. Bennewitz & M. Rothland (Hrsg.), *Handbuch der Forschung zum Lehrerberuf* (2. überarbeitete und erweiterte Auflage, S. 478–495). Waxmann.

Riese, J. & Reinhold, P. (2010). Empirische Erkenntnisse zur Struktur professioneller Handlungskompetenz von angehenden Physiklehrkräften. *Zeitschrift für Didaktik der Naturwissenschaften, 16*, 167–187.

Rosenberg, M. J. (1960). An analysis of affective-cognitive consistency. In M. J. Rosenberg, C. I. Hovland, W. J. McGuire, R. P. Abelson & J. W. Brehm (Hrsg.), *Attitude organization and change* (S. 15–64). Yale University Press.

Roßbach, H.-G., Große, C., Kluczniok, K. & Freund, U. (2010). Bildungs- und Lernziele im Kindergarten und in der Grundschule. In M. Leuchter (Hrsg.), *Lehren lernen. Didaktik für die ersten Bildungsjahre: Unterricht mit 4- bis 8-jährigen Kindern* (1. Auflage, S. 36–48). Klett und Balmer Verlag.

Roßbach, H.-G. & Spieß, C. K. (2019). Frühe Bildung in Kindertageseinrichtungen: Rahmenbedingungen und Entwicklungen. In O. Köller, M. Hasselhorn, F. W. Hesse, K. Maaz, J. Schrader, H. Solga, C. K. Spieß & K. Zimmer (Hrsg.), *UTB Pädagogik: Bd. 4785. Das Bildungswesen in Deutschland: Bestand und Potenziale* (S. 409–439). Verlag Julius Klinkhardt.

Roth, H. (1971). *Pädagogische Anthropologie. Band II: Entwicklung und Erziehung*. Hermann Schroedel Verlag.

Roux, S., Fried, L. & Kammermeyer, G. (2008). Sozial-emotionale und mathematische Kompetenzen in Kindergarten und Grundschule. Eine Einführung. In S. Roux, L. Fried & G. Kammermeyer (Hrsg.), *Empirische Pädagogik: Bd. 22,2. Sozial-emotionale und mathematische Kompetenzen in Kindergarten und Grundschule* (S. 96–112). Verlag Empirische Pädagogik.

Sälzer, C. & Reiss, K. (2016). PISA 2015 – die aktuelle Studie. In K. Reiss, C. Sälzer, A. Schiepe-Tiska, E. Klieme & O. Köller (Hrsg.), *PISA 2015: Eine Studie zwischen Kontinuität und Innovation* (S. 13–42). Waxmann.

Schäfer, G. E. (Hrsg.). (2005). *Bildung beginnt mit der Geburt: Ein offener Bildungsplan für Kindertageseinrichtungen in Nordrhein- Westfalen* (2., erw. Aufl. [Nachdr.]. Beltz.

Schäfer, G. E., Dreyer, R., Kleinow, M. & Erber-Schropp, J. M. (Hrsg.). (2019). *Springer eBook Collection. Bildung in der frühen Kindheit: Bildungsphilosophische, kognitionswissenschaftliche, sozial- und kulturwissenschaftliche Zugänge*. Springer Fachmedien Wiesbaden. https://doi.org/10.1007/978-3-658-25005-8

Schelle, R. (2011). *Die Bedeutung der Fachkraft im frühkindlichen Bildungsprozess. Weiterbildungsinitiative Frühpädagogische Fachkräfte* (Bd. 18). WiFF Expertisen. https://www.weiterbildungsinitiative.de/publikationen/detail/die-bedeutung-der-fachkraft-im-fruehkindlichen-bildungsprozess

Schmerse, D. (2021). Domänenspezifische Förderung in Kindertageseinrichtungen. In T. Schmidt, U. Sauerbrey & W. Smidt (Hrsg.), *UTB: Bd. 5685. Frühpädagogische Handlungskonzepte: Eine wissenschaftliche Bestandsaufnahme* (S. 217–236). Waxmann.

Schmidt, T., Sauerbrey, U. & Smidt, W. (Hrsg.). (2021). *UTB: Bd. 5685. Frühpädagogische Handlungskonzepte: Eine wissenschaftliche Bestandsaufnahme*. Waxmann. https://elibrary.utb.de/doi/book/10.36198/978383855685710.36198/9783838556857

Schmidt, T. & Smidt, W. (2021). Selbstbildung, Ko-Konstruktion oder Instruktion? Orientierungen von Erzieherinnen und Kindheitspädagoginnen zur Förderung von Kindern im Kindergarten. *Zeitschrift für Pädagogik*(67 (2), 251–274. https://www.researchgate.net/publication/343814477_Selbstbildung_Ko-Konstruktion_oder_Instruktion_Orientierungen_von_Erzieherinnen_und_Kindheitspadagoginnen_zur_Forderung_von_Kindern_im_Kindergarten

Scholz, G. (2019). Naturwissen als Auftrag frühkindlicher Bildung. In G. E. Schäfer, R. Dreyer, M. Kleinow & J. M. Erber-Schropp (Hrsg.), *Springer eBook Collection. Bildung in der frühen Kindheit: Bildungsphilosophische, kognitionswissenschaftliche, sozial- und kulturwissenschaftliche Zugänge* (S. 17–29). Springer Fachmedien Wiesbaden.

Schwantner, U. & Schreiner, C. (2008). *PISA 2006. Österreichischer Expertenbericht zum Naturwis- senschafts-Schwerpunkt*. Leykam.

Schwarz, A. (2008). Naturkunde oder Naturwissenschaft? *Historische Anthropologie*(Vol. 16), 74–91.

Seel, N. M. (2003). *Psychologie des Lernens: Lehrbuch für Pädagogen und Psychologen ; mit 12 Tabellen und zahlreichen Übungsaufgaben* (2., aktualisierte und erw. Aufl.). *UTB Pädagogik, Psychologie: Bd. 8198*. Reinhardt.

Seybel, C. (2022). Pädagogische Praktiken im Kita-Alltag. In D. Turani, S. Bader & C. Seybel (Hrsg.), *Kita-Alltag im Fokus – Deutschland im internationalen Vergleich: Ergebnisse der OECD-Fachkräftebefragung 2018* (1. Auflage, S. 176–224). Beltz Juventa.

Shulman, L. S. (1986). Those Who Understand: KnowledgeGrowth in Teaching. *Educational Researcher*, *15*, 4–14.

Siraj-Blatchford, I., Sylva, K., Muttock, S., Gilden, R. & Bell, D [Danny]. (2002). *Researching effective pedagogy in the early years. Research report: Bd. 356*. Department for Education and Skills.

Sodian, B., Thoermer, C., Kircher, E., Grygier, P. & Günther, J. (2002). Vermittlung von Wissenschaftsverständnis in der Grundschule. *Zeitschrift für Pädagogik*(45. Beiheft), 192–206.

Staege, R. & Vomhof, B. (2020). Konzepte als Dokumente. Zur methodologischen Grundlegung der empirischen Analyse von Konzeptpapieren im Kontext institutioneller Kleinkindbetreuung. In D. Gaus & E. Drieschner (Hrsg.), *Perspektiven pädagogischer Konzeptforschung* (S. 71–90). Beltz.

Steffensky, M. (2017). *Naturwissenschaftliche Bildung in Kindertageseinrichtungen: Eine Expertise der Weiterbildungsinitiative Frühpädagogische Fachkräfte (WiFF). WiFF Expertise: Band 48*. Deutsches Jugendinstitut e.V. https://www.weiterbildungsinitiative.de/fileadmin/Redaktion/Publikationen/old_uploads/media/WEB_Exp_48_Steffensky.pdf

Steffensky, M., Anders, Y., Barenthien, J., Hardy, I., Leuchter, M., Oppermann, E., Taskinen, P. & Ziegler, T. (2018). Early Steps into Science – EASI Science: Wirkungen früher naturwissenschaftlicher Bildungsangebote auf die naturwissenschaftlichen Kompetenzen von Fachkräften und Kindern. In Y. Anders, J. Barenthien, I. Hardy, A. Hartinger, R. Kästner, M. Leuchter, E. Oppermann, S. Pauen, A. Rank, M. Steffensky, P. Taskinen, Tietze, Sabrina, Wildemann, Anja & T. Ziegler (Hrsg.), *Wirkungen naturwissenschaftlicher Bildungsangebote auf pädagogische Fachkräfte und Kinder* (S. 51–136). Verlag Barbara Budrich.

Steffensky, M., Lankes, E.-M., Carstensen, C. H. & Nölke, C. (2012). Alltagssituationen und Experimente: Was sind geeignete naturwissenschaftliche Lerngelegenheiten für Kindergartenkinder? *Zeitschrift für Erziehungswissenschaft*, *15*(1), 37–54. https://doi.org/10.1007/s11618-012-0262-3

Stipek, D. (1991). Characterizing early childhood education programs. *New Direction For Child Development*(53), 47–55.

Strunck, U., Lück, G. & Demuth, R. (1998). Der naturwissenschaftliche Sachunterricht in Lehrplänen, Unterrichtsmaterialien und Schulpraxis – eine quantitative Analyse der Entwicklung der letzten 25 Jahren. *Zeitschrift für Didaktik der Naturwissenschaften. Biologie, Chemie, Physik*, *4*, 69–81.

Studhalter, U. T., Leuchter, M., Tettenborn, A., Elmer, A., Edelsbrunner, P. A. & Saalbach, H. (2021). Early science learning: The effects of teacher talk. *Learning and Instruction*, *71*. https://doi.org/10.1016/j.learninstruc.2020.101371

Sylva, K., Melhuish, E., Sammons, P., Siraj-Blatchford, I. & Taggart, B. (o.J.). *The Effective Provision of Pre-School Education [EPPE] Project*. http://doc.ukdataservice.ac.uk/doc/7540/mrdoc/pdf/7540_eppse_report_ks1.pdf

Sylva, K., Taggart, B., Siraj-Blatchford, I., Totsika, V., Ereky-Stevens, K., Gilden, R. & Bell, D [Daniel] (2007). Curricular quality and day-to-day learning activities in preschool. *International Journal of Early Years Education, 15*(1), 49–65. https://doi.org/10.1080/09669760601106968

Thompson, C. L. & Shrigley, R. L. (1986). What Research Says: Revising the Science Attitude Scale. *School Science and Mathematics, 86*(4), 331–343.

Thüringen. (2011). *Thüringer Bildungsplan für Kinder bis 10 Jahre* (Stand: Juli 2011). Verl. Das Netz.

Tietze, W. (Hrsg.). (1998). *Wie gut sind unsere Kindergärten? Eine Untersuchung zur pädagogischen Qualität in deutschen Kindergärten.* Luchterhand; Beltz.

Tietze, W., Becker-Stoll, F., Bensel, J., Eckhardt, A. G., Haug-Schnabel, G., Kalicki, B., Keller, H. & Leyendecker, B. (2013). *Nationale Untersuchung zur Bildung, Betreuung und Erziehung in der frühen Kindheit (NUBBEK).* das Netz.

Tietze, W., Roßbach, H.-G., Nattefort, R. & Grenner, K. (2017). *Kindergarten-Skala (KES-RZ): Revidierte Fassung mit Zusatzmerkmalen : Feststellung und Unterstützung pädagogischer Qualität in Kindertageseinrichtungen* (4. (erweiterte) Auflage). verlag das netz.

Tietze, W., Viernickel, S., Dittrich, I., Grenner, K., Hanisch, A. & Marx, J. (2016). *Pädagogische Qualität in Tageseinrichtungen für Kinder: Ein Nationaler Kriterienkatalog* (Vollständig überarbeitete und aktualisierte Auflage, 5. Auflage). verlag das netz.

Tournier, M. (2016). *Kognitiv anregende Fachkraft-Kind-Interaktionen im Elementarbereich.* Dissertation (1. Aufl.). *Waxmann-E-Books Soziale Arbeit* [1 Online Ressource (354 Seiten)].

Urdan, T. C. (2010). *Statistics in plain English* (3rd ed.). Routledge. https://doi.org/10.4324/9780203851173

Voss, T., Kleickmann, T., Kunter, M. & Hachfeld, A. (2011). Überzeugungen von Mathematiklehrkräften. In M. Kunter, J. Baumert, W. Blum, U. Klusmann & Krauss, S. und Neubrand, M. (Hrsg.): (Hrsg.), *Professionelle Kompetenzen von Lehrkräften. Ergebnisse des Forschungsprogramms COACTIV* (S. 235–257). Waxmann.

Wagenschein, M. (2009). Kinder auf dem Weg zur Physik (1973, Ausschnitt). In H. C. Berg (Hrsg.), *Lehrkunstdidaktik: Bd. 4. Naturphänomene sehen und verstehen: Genetische Lehrgänge ; das Wagenschein-Studienbuch* (4. Auflage, S. 45–51). hep.

Waters, C. N., Zalasiewicz, J. A., Williams, M., Ellis, M. & Snelling, A. (Hrsg.). (2014). *Geological Society special publication: Bd. 395. A stratigraphical basis for the Anthropocene.* http://sp.lyellcollection.org/content/395/1

Wehner, U. (2014). Kinderphilosophie und (natur-)wissenschaftliche) Halbbildung. In K. Michalik (Hrsg.), *Grundschulpädagogik interdisziplinär: Bd. 2. Philosophie als Bestandteil wissenschaftlicher Grundbildung? Möglichkeiten der Förderung des Wissenschaftsverständnisses in der Grundschule durch das Philosophieren mit Kindern* (2. Aufl., S. 43–65). LIT-Verl.

Weinert, F. E. (2014). *Leistungsmessungen in Schulen* (3. Auflage). *Pädagogik.* Beltz Verlag.

Weltzien, D., Reutter, A. & Pasquale, D. (2021). *Evaluation des Orientierungsplans für Bildung und Erziehung in baden-württembergischen Kindergärten und weiteren Kindertageseinrichtungen.* http://www.zfkj.de/images/Eval-O_Abschlussbericht.pdf

Wolff, S. (2010). Dokumenten- und Aktenanalyse. In U. Flick, E. von Kardorff & I. Steinke (Hrsg.), *Rororo Rowohlts Enzyklopädie: Bd. 55628. Qualitative Forschung: Ein Handbuch* (8. Auflage, Originalausgabe, S. 502–513). Rowohlt Taschenbuch Verlag.

Zimmermann, M. & Welzel, M. (2006). Entwicklung und Analyse von Reflexionskompetenz im Rahmen von früher naturwissenschaftlicher Förderung Analysen zur Kompetenzentwicklung von Erzieherinnen. In Deutsche Physikalische Gesellschaft (Hrsg.), *Didaktik der Physik – Kassel 2008: CD zur Frühjahrstagung des Fachverbandes Didaktik der Physik in der Deutschen Physikalischen Gesselschaft.* Lehmanns.

Kolibri 360 GmbH
Ferdinand-Jühlke-Straße 7
99095 Erfurt, Deutschland
produktsicherheit@kolibri360.de